清晰集原理及应用

杨志民　苏发慧　吴华英　著

科学出版社

北京

内 容 简 介

本书系统分析了模糊集和模糊关系矩阵合成运算的不完备性,给出清晰集的概念和运算,包括清晰集的定义,清晰集的量化,清晰集并、交、余运算以及清晰集与模糊集的关系;指出模糊理论中可能性测度公理的错误,引入清晰数的定义,清晰数的加、减、乘、除四则运算以及清晰数的大小比较,研究了清晰综合评判,包括模糊综合评判错误、清晰综合评判模型;讨论模糊模型识别的错误和清晰模型识别方法;介绍清晰数在机械更新决策与机械的失效概率和可靠度中的应用,建立数据挖掘的一种新方法——清晰支持向量机,给出清晰事件的可信度和清晰机会约束规划,构建了清晰支持向量机(算法),并且研究清晰支持向量机在亚健康识别中的应用.

本书可作为大学本科生、研究生的教材或参考书,也可供广大科技工作者使用.

图书在版编目(CIP)数据

清晰集原理及应用/杨志民,苏发慧,吴华英著. —北京:科学出版社,
2016.6

　　ISBN 978-7-03-049060-5

Ⅰ. ①清⋯　Ⅱ. ①杨⋯ ②苏⋯ ③吴⋯　Ⅲ. ①模糊数学–研究
Ⅳ. ①O159

中国版本图书馆 CIP 数据核字 (2016) 第 141964 号

责任编辑:刘凤娟 / 责任校对:邹慧卿
责任印制:张　伟 / 封面设计:耕者设计

科学出版社 出版
北京东黄城根北街 16 号
邮政编码:100717
http://www.sciencep.com

北京教园印刷有限公司 印刷
科学出版社发行　各地新华书店经销
*
2016 年 6 月第　一　版　开本:720×1000　B5
2016 年 6 月第一次印刷　印张:12 1/4
字数:230 000
定价:68.00 元
(如有印装质量问题,我社负责调换)

前　　言

　　模糊信息是普遍存在的, 但是用怎样的数学形式来表达和处理则是人们要考虑解决的问题. 1965 年模糊数学创始人 L.A.Zadeh 提出模糊集从而引出的模糊数学, 则是人们要用来解决此问题的工具, 此理论发展迅速, 应用遍及许多领域. 任何一门学说, 都是由开始、发展到逐步完善的过程, 处理和表达模糊信息的模糊理论也不例外. 近年来人们在模糊数学理论和应用研究中发现一些问题, 如模糊集理论中的取大、取小运算, 相等、包含关系的不完备性引出的问题几乎形成数学中的第四次危机, 得出了莫大的谬误. 基于上述问题, 本书给出用来表达和处理模糊信息的新的数学工具——清晰集理论. 在这里要否定模糊集的有关基本概念, 建立"清晰集", 进而阐明模糊集是清晰集中的某种等价类. 并指出在模糊集的理论和应用研究中出现问题时应如何回到清晰集中找原因, 解决问题. 因此, 可以说就表达和处理模糊信息来说, 清晰集要比模糊集更有效, 理论基础更踏实. 这是人类在表达和处理模糊信息方法研究中的一次突破和创新.

　　本书第 1 章和第 2 章分析模糊集和模糊关系矩阵合成运算的不完备性. 在此基础上第 3 章给出清晰集的概念和运算, 包括清晰集的定义, 清晰集的量化, 清晰集并、交、余运算以及清晰集与模糊集的关系. 从而指出模糊理论中可能性测度公理的错误. 之后, 第 4 章引入清晰数的定义, 清晰数的加、减、乘、除四则运算以及清晰数的大小比较. 第 5 章研究清晰综合评判, 包括模糊综合评判的错误、清晰综合评判模型. 第 6 章指出模糊模型识别的不足. 第 7 章介绍清晰数在机械更新决策与机械的失效概率和可靠度中的应用. 第 8 章建立数据挖掘的一种新方法——清晰支持向量机. 给出清晰事件的可信度和清晰机会约束规划, 在此基础上构

建清晰支持向量机 (算法), 并且研究清晰支持向量机在亚健康识别中的
应用.

　　本书由三位作者共同撰稿完成, 其内容是作者多年来在清晰集领域
的研究成果. 在本书的撰写和出版过程中, 得到许多专家、学者的帮助.
首先要感谢河北工程大学吴和琴教授的指导. 然后要感谢西南交通大学
徐扬教授, 中国科学院田英杰教授, 唐山师范学院阎满富教授, 温州大学
王义闹教授, 安阳师范学院王爱民教授, 浙江工业大学方志明教授、周明
华教授、隋成华教授、池仁勇教授、孟志青教授、王定江教授、邸继征教
授的帮助.

　　由于水平有限, 书中难免有不当之处, 敬请读者批评指正.

作　者

2015 年 5 月 5 日

目　　录

前言

第 1 章　模糊集完备性讨论···1

1.1　经典集合··1

1.1.1　集合及其表示···1

1.1.2　集合的包含···1

1.1.3　集合的运算···2

1.1.4　集合的特征函数···2

1.2　概念原理··3

1.3　模糊子集及其运算···4

1.3.1　模糊子集的概念···4

1.3.2　模糊集的运算··5

1.4　集合的完备性··6

1.4.1　集合相等的完备性···6

1.4.2　集合包含的完备性···7

1.4.3　集合并运算的完备性···10

1.4.4　集合交运算的完备性···11

1.5　特征函数再讨论···12

1.5.1　集合的隶属 (特征) 函数·····································12

1.5.2　构造性举例··13

第 2 章　模糊关系矩阵合成运算再讨论·······························15

2.1　模糊矩阵与模糊关系简介··15

2.1.1　模糊矩阵的概念···15

2.1.2　模糊矩阵的运算···16

　　　　2.1.3　模糊关系 ·· 17

　　　　2.1.4　模糊集合的其他运算 ·· 22

　　2.2　模糊关系矩阵合成运算讨论 ·· 24

第 3 章　清晰集 ··· 35

　　3.1　模糊数学危机 ··· 35

　　3.2　清晰集的概念及运算 ·· 36

　　　　3.2.1　清晰集的概念 ·· 36

　　　　3.2.2　清晰集的运算 ·· 39

　　　　3.2.3　清晰集的量化 ·· 40

　　　　3.2.4　清晰集并、交、余的隶属函数 ····························· 42

　　3.3　清晰集与模糊集的关系和区别 ····································· 45

　　　　3.3.1　清晰集与模糊集的关系 ····································· 45

　　　　3.3.2　清晰集与模糊集的区别 ····································· 45

　　3.4　可能性测度公理 3 再认识 ··· 48

　　　　3.4.1　可能性测度错误 ··· 48

　　　　3.4.2　可能性测度的三条公理 ····································· 50

　　　　3.4.3　可信性测度与概率测度的不平行性 ······················ 52

第 4 章　清晰数的概念 ·· 54

　　4.1　清晰数的定义 ··· 54

　　4.2　清晰数的加法运算及性质 ·· 58

　　　　4.2.1　清晰数的加法运算 ··· 58

　　　　4.2.2　清晰数加法的运算性质 ····································· 63

　　4.3　清晰数的减法及运算性质 ·· 66

　　　　4.3.1　清晰数的减法 ·· 66

　　　　4.3.2　清晰数减法的运算性质 ····································· 71

　　4.4　清晰数的乘法及运算法则 ·· 75

　　　　4.4.1　清晰数的乘法 ································· 75

　　　　4.4.2　清晰数乘法的运算性质 ····················· 80

　　4.5　清晰数的除法及运算性质 ························· 88

　　　　4.5.1　清晰数的除法 ····························· 88

　　　　4.5.2　清晰数除法的运算性质 ····················· 94

　　4.6　清晰数的大小关系 ····························· 98

　　　　4.6.1　清晰数的分布函数表示法 ··················· 98

　　　　4.6.2　清晰数的大小 ···························· 101

第 5 章　清晰综合评判范例 ····························· 105

　　5.1　模糊综合评判的错误 ··························· 105

　　5.2　清晰数的可信度、均值 ························· 111

　　　　5.2.1　清晰数可信度的概念 ····················· 111

　　　　5.2.2　清晰数的均值及性质 ····················· 113

　　5.3　清晰综合评判范例 ····························· 119

　　5.4　清晰综合评判的运算模型 ······················· 122

　　　　5.4.1　单层清晰综合评判 ······················· 122

　　　　5.4.2　多层清晰综合评判 ······················· 125

第 6 章　清晰模型识别 ······························· 126

　　6.1　模糊模型识别再认识 ··························· 126

　　6.2　有限经典集合的贴近度 ························· 129

　　6.3　贴近度公理化定义讨论 ························· 130

　　6.4　清晰集贴近度初论 ····························· 133

第 7 章　清晰数的应用 ······························· 137

　　7.1　清晰数在机械更新决策中的应用 ················· 137

　　7.2　清晰数在机械的失效概率和可靠度的应用 ········· 139

　　　　7.2.1　机械的可靠度 ···························· 139

　　　7.2.2　机械的失效概率 ·· 139

　　　7.2.3　机械系统的可靠度的计算 ································· 140

第 8 章　清晰支持向量机 ·· 146

　8.1　支持向量机综述 ··· 146

　8.2　支持向量机基本原理 ·· 151

　　　8.2.1　线性支持向量机 ·· 151

　　　8.2.2　非线性支持向量机 ·· 154

　　　8.2.3　半监督支持向量机 ·· 155

　8.3　清晰事件的可信度 ·· 155

　8.4　清晰机会约束规划及其解法 ·· 157

　8.5　线性清晰支持向量机 ·· 159

　8.6　非线性清晰支持向量机 ··· 165

　8.7　数据试验 ··· 170

　8.8　清晰支持向量机在亚健康识别中的应用 ···························· 172

　　　8.8.1　应用背景 ··· 172

　　　8.8.2　基于清晰支持向量机的亚健康状态识别 ···················· 173

　　　8.8.3　试验结果及分析 ·· 176

参考文献 ··· 180

第1章 模糊集完备性讨论

L.A.Zadeh 关于模糊集概念的提出是对人类的一巨大贡献, 此理论应用广泛遍及众多领域, 随着研究的深入, 一些问题也浮出水面. 例如, 一段时间来就不止一个人对模糊集的包含和相等提出疑义, 即对

$$\underset{\sim}{A} = \underset{\sim}{B} \Leftrightarrow \underset{\sim}{A}(x) = \underset{\sim}{B}(x)$$

$$\underset{\sim}{A} \subseteq \underset{\sim}{B} \Leftrightarrow \underset{\sim}{A}(x) \leqslant \underset{\sim}{B}(x)$$

产生疑义.

1.1 经典集合

1.1.1 集合及其表示

集合是现代数学中的一个基础概念, 一些不同对象的全体称为集合, 常用大写英文字母 X, Y 等表示, 本书有时称集合为经典集合, 这是为了区别于模糊集合等, 集合内的每个对象称为集合的元素, 常用小写英文字母 $a, b, c, \cdots$ 表示, a 属于 A, 记为 $a \in A$; a 不属于 A, 记为 $a \bar{\in} A$.

不含有任何元素的集合称为空集, 记为 $\varnothing$.

只含有限个元素的集合, 称为有限集, 有限集所含元素的个数称为集合的基数, 包含无限个元素的集合称为无限集, 以集合作为元素所组成的集合称为集合族. 所谓论域是指所论及对象的全体, 它也是一个集合, 常用 X, Y, U, V 等表示.

1.1.2 集合的包含

集合的包含概念是集合之间的一种重要相互关系.

定义 1.1.1　设集合 A 和 B, 若集合 A 的每个元素都属于集合 B, 即 $x \in A \Rightarrow x \in B$, 则称 A 是 B 的子集, 记为 $A \subseteq B$ 或 $B \supseteq A$. 读作 "A 包含于 B 中" 或 "B 包含 A".

显然 $A \subseteq A$. 空集 $\varnothing$ 是任何集合 A 的子集, 即 $\varnothing \subseteq A$. 又若 $A \subseteq B$, $B \subseteq C$, 则 $A \subseteq C$.

定义 1.1.2　设集合 A 和 B, 若 $A \subseteq B$ 且 $B \subseteq A$, 则称集合 A 与集合 B 相等, 记为 $A = B$.

定义 1.1.3　设有集合 U, 对于任意集合 A, 总有 $A \subseteq U$, 则称 U 为全集.

全集是个具有相对性的概念.

例如, 实数集对于整数集、有理数集而言是全集, 则整数集对于偶数集、奇数集而言是全集.

定义 1.1.4　设有集合 A, A 的所有子集所组成的集合称为 A 的幂集, 记为 $T(A)$, 即 $T(A) = \{B | B \subseteq A\}$.

由定义 1.1.4 知, 幂集是集合族.

1.1.3　集合的运算

定义 1.1.5　设 $A, B \in T(X)$, 规定

$A \bigcup B \triangleq \{x | x \in A$ 或 $x \in B\}$, 称为 A 与 B 的并集;

$A \bigcap B \triangleq \{x | x \in A$ 且 $x \in B\}$, 称为 A 与 B 的交集;

$A^c \triangleq \{x | x \bar{\in} A\}$, 称为 A 的余集.

1.1.4　集合的特征函数

定义 1.1.6　设 $A \in T(X)$, 具有如下性质的映射 $\chi_A : X \to \{0, 1\}$ 称为集合 A 的特征函数:

$$\chi_A(x) = \begin{cases} 1, & x \in A \\ 0, & x \bar{\in} A \end{cases}$$

由定义可知, 集合 A 由特征函数 χ_A 唯一确定, 以后总是把集合 A 与特征函数 $\chi_A(x)$ 看成是同一的.

下面是特征函数与集合之间的六个基本关系:

(1) $A = U \Leftrightarrow \chi_A(x) \equiv 1$, $A = \varnothing \Leftrightarrow \chi_A(x) \equiv 0$;

(2) $A \subseteq B \in T(U) \Leftrightarrow \chi_A(x) \leqslant \chi_B(x)$;

(3) $A = B \in T(U) \Leftrightarrow \chi_A(x) = \chi_B(x)$(这个性质表明 U 的任一子集 A 完全由它的特征函数确定);

特征函数还满足:

(4) $\chi_{A \bigcup B}(x) = \chi_A(x) \vee \chi_B(x)$;

(5) $\chi_{A \bigcap B}(x) = \chi_A(x) \wedge \chi_B(x)$;

(6) $\chi_{A^c}(x) = 1 - \chi_A(x)$.

此处 "$\vee$" 是上确界 "sup", "$\wedge$" 是下确界 "inf".

排中律成立:

$$D \bigcup D^c = U; \quad (D \bigcup D^c)(x) \equiv 1$$

$$D \bigcap D^c = \varnothing; \quad (D \bigcap D^c)(x) \equiv 0$$

1.2 概念原理

数学概念实质上是性质的集合, 但也不能随便凑几条性质来构成概念, 必须遵守一定规律——概念原理.

概念原理包括三条规律.

第一条概念的无矛盾性: 所谓无矛盾性是指提出的概念的外延中确有其物, 否则外延是一个空集, 那么建立的概念将毫无意义, 概念的无矛盾性是通过构造模型来证明的, 此规律也称为言之有物.

第二条概念的独立性: 所谓独立性是指任何一个性质都不可以用其中的其他性质推出, 独立性是通过构造其具有其他性质而不具有某一性质的模型来证明的, 此规律保证概念的简练.

第三条概念的完备性: 完备性相对于建立概念者的预先目的性, 建立概念者在提出概念之前, 自己认为此建立的概念的外延中的每一个都应具有某性质, 当建立概念之后, 确能保证其中每一个都具有此性质时, 则说此概念相对于此性质是完备的, 此性质保证了不出现词不达意的错误. 本节的目的是要说明模糊集中的包含和相等这两个定义 (概念) 都不具有完备性, 即产生了词不达意, 应当改正.

概念的不完备性在数学领域也屡有出现, 这是由人们开始对事物了解不详或疏忽造成的, 例如, 文献 [2] 中提到的周期函数的定义 (概念) 就不完备, 然而上千年来人们一直沿用着这一错误的定义, 造成这一领域出现一系列错误定理.

1.3　模糊子集及其运算

1.3.1　模糊子集的概念

经典集合 A 可由其特征函数 χ_A 唯一确定, 即映射

$$\chi_A : X \to \{0,1\}$$

$$x \mapsto \chi_A(x) = \begin{cases} 1, & x \in A \\ 0, & x \overline{\in} A \end{cases}$$

确定了 X 上的经典子集 A. $\chi_A(x)$ 表明 x 对 A 的隶属程度, 不过仅有两种状态: 一个元素 x 要么属于 A, 要么不属于 A. 它确切地、数量化地描述了 "非此即彼" 的现象. 但现实世界中并非完全如此. 比如, 在生物学发展的历史上, 曾把所有生物分为动物界与植物界两大类. 牛、羊、鸡、犬划到动物界, 这是无疑的, 而有一些生物, 如猪笼草、捕蝇草、茅膏菜等, 一方面能捕食昆虫, 分泌液体消化昆虫, 像动物一样; 另一方面又长有叶片, 能进行光合作用, 自制养料, 像植物一样, 因而并不完全是 "非动物即植物", 因此, 不能简单地一刀切, 可见在动物与植物之间存在 "中介

状态". 为了描述这种 "中介状态", 需要将经典集合 A 的特征函数 $\chi_A(x)$ 的值域 $\{0,1\}$ 推广到闭区间 $[0,1]$ 上, 这样, 经典集合的特征函数就扩展为模糊集合的隶属函数.

定义 1.3.1 设 U 是论域, 称映射

$$\mu_{\underset{\sim}{A}} : U \to [0,1]$$

$$x \mapsto \mu_{\underset{\sim}{A}}(x) \in [0,1]$$

确定了一个 U 上的模糊子集 $\underset{\sim}{A}$, 映射 $\mu_{\underset{\sim}{A}}$ 称为 $\underset{\sim}{A}$ 的隶属函数, $\mu_{\underset{\sim}{A}}(x)$ 称为 x 对 $\underset{\sim}{A}$ 的隶属程度, 使 $\mu_{\underset{\sim}{A}}(x)=0.5$ 的点 x 称为 $\underset{\sim}{A}$ 的过度点, 此时该点最具模糊性.

由定义 1.3.1 可以看出, 模糊子集 $\underset{\sim}{A}$ 是由隶属函数 $\mu_{\underset{\sim}{A}}$ 唯一确定的, 以后总是把模糊子集 $\underset{\sim}{A}$ 与隶属函数 $\mu_{\underset{\sim}{A}}$ 看成是等同的, 还应指出, 隶属程度的思想是模糊数学的基本思想.

当 $\mu_{\underset{\sim}{A}}$ 的值域为 $\{0,1\}$ 时, 模糊子集 $\underset{\sim}{A}$ 就是经典子集, 而 $\mu_{\underset{\sim}{A}}$ 就是它的特征函数, 可见经典子集是模糊子集的特殊情形.

U 上所有模糊子集所组成的集合称为 U 的模糊幂集, 记为 $T(U)$.

为简便计, 今后用 $\underset{\sim}{A}(x)$ 来代替 $\mu_{\underset{\sim}{A}}(x)$, 模糊子集简称为模糊集, 隶属程度简称为隶属度.

1.3.2 模糊集的运算

现将经典集合的运算推广到模糊集, 由于模糊集中没有点和集之间的绝对属于关系, 所以其运算的定义只能以隶属函数间的关系来确定.

定义 1.3.2 设 $\underset{\sim}{A}, \underset{\sim}{B} \in T(U)$, 则有

包含: $\underset{\sim}{A} \subseteq \underset{\sim}{B} \Leftrightarrow \underset{\sim}{A}(x) \leqslant \underset{\sim}{B}(x), \forall x \in U$;

相等: $\underset{\sim}{A} = \underset{\sim}{B} \Leftrightarrow \underset{\sim}{A}(x) = \underset{\sim}{B}(x), \forall x \in U$

定义 1.3.3 设 $\underset{\sim}{A}, \underset{\sim}{B} \in T(U)$,

并：$A \bigcup B$ 的隶属函数 $\mu(x)$ 为

$$\left(\underset{\sim}{A} \bigcup \underset{\sim}{B}\right)(x) \triangleq \underset{\sim}{A}(x) \vee \underset{\sim}{B}(x), \quad \forall x \in U$$

交：$A \bigcap B$ 的隶属函数 $\mu(x)$ 为

$$\left(\underset{\sim}{A} \bigcap \underset{\sim}{B}\right)(x) \triangleq \underset{\sim}{A}(x) \wedge \underset{\sim}{B}(x), \quad \forall x \in U$$

余：A^c 的隶属函数 $\mu(x)$ 为

$$\underset{\sim}{A}^c(x) \triangleq 1 - \underset{\sim}{A}(x), \quad \forall x \in U$$

1.4   集合的完备性

1.4.1   集合相等的完备性

为了便于说明问题, 先给出两个模糊集的例子.

例 1.4.1   设论域 U 由三个元素构成, 第一个为半红、半黑的黑红圆, 记为 u_1; 第二个为 $\frac{1}{4}$ 红色、$\frac{1}{4}$ 黑色、$\frac{1}{2}$ 白色的圆记为 u_2; 最后一个为全白色的圆, 记为 u_3, 即

$$U = \left\{ u_1(半红半黑圆), u_2\left(\frac{1}{4}红, \frac{1}{4}黑, \frac{1}{2}白圆\right), u_3(白圆) \right\}$$

首先 U 中元素具有的颜色这种性质构成集合

$$F = \{黑, 红, 白\}$$

F 的子集

$$F_1 = A_1 = \{黑\}, \quad F_2 = A_2 = \{红\}$$

构造函数 $\bar{\mu}$:

$$\bar{\mu}_{A_1}(u_1) = \frac{1}{2}, \quad \bar{\mu}_{A_1}(u_2) = \frac{1}{4}, \quad \bar{\mu}_{A_1}(u_3) = 0$$

$$\bar{\mu}_{A_2}(u_1) = \frac{1}{2}, \quad \bar{\mu}_{A_2}(u_2) = \frac{1}{4}, \quad \bar{\mu}_{A_2}(u_3) = 0$$

在这里给出了两个函数: $\bar{\mu}_{A_1}(u), \bar{\mu}_{A_2}(u)$, 它们的定义域为 $U = \{u_1, u_2, u_3\}$, 其值域在 $[0, 1]$ 上, 以这些函数为隶属函数, 相应地有论域 U 上的 2 个模糊集, 相应的模糊集用 $\tilde{A}_1, \tilde{A}_2$ 表示.

这里 $\bar{\mu}_{A_1}(u)$ 和 $\bar{\mu}_{A_2}(u)$ 虽然定义域和值域是相同的, 但含义不同, $\bar{\mu}_{A_1}(u)$ 表示 u 属于黑圆的程度, 而 $\bar{\mu}_{A_2}(u)$ 表示 u 属于红圆的程度, 它们分别对应着圆的黑色部分和红色部分为整个圆的程度.

这里引出的例子称为 "有色圆模型".

在康托尔集合中两个集合 A 和 B 相等指 A 中的所有元素都在 B 中, 而 B 中的所有元素也在 A 中, 即 $x \in A \Rightarrow x \in B$ 且 $x \in B \Rightarrow x \in A$, 这是两个集合相等的真实含义, 也叫集合相等的完备性. 而模糊集 $\tilde{A}_1$ 和 $\tilde{A}_2$ 相等的真实含义应是指所有元素属于 $\tilde{A}_1$ 的部分都在 $\tilde{A}_2$ 中, 而 $\tilde{A}_2$ 中所有元素的部分也在 $\tilde{A}_1$ 中, 这应是模糊集相等的真实含义, 也称为模糊集相等的完备性. 按照完备性的要求 $\tilde{A}_1$ 和 $\tilde{A}_2$ 是不可能相等的. 因为 $\tilde{A}_1$ 中元素的部分是黑色的, $\tilde{A}_2$ 中元素的部分是红色的, 根本没有相同部分, 但按模糊集相等的定义由 $\bar{\mu}_{A_1}(x) = \bar{\mu}_{A_2}(x)$, 得 $\tilde{A}_1 = \tilde{A}_2$, 从而知模糊集相等的定义是不具备完备性的, 即产生了词不达意, 应当改正, 否则在理论研究中或实际应用中会产生一系列的问题.

1.4.2 集合包含的完备性

在康托尔集合中集合 A 包含于集合 B 是指 A 中的元素都在 B 中, 即 $x \in A \Rightarrow x \in B$. 这是包含的真实含义, 也称为集合包含的完备性, 而模糊集 $\tilde{A}_1 \subseteq \tilde{A}_2$ 的真实含义应该是指所有元素属于 $\tilde{A}_1$ 的部分都在 $\tilde{A}_2$ 中, 这应该是模糊集包含的真实含义, 也称为模糊集包含的完备性. 按照完备性的要求 $\tilde{A}_1 \subseteq \tilde{A}_2$ 是不可能的, 因为 $\tilde{A}_1$ 中元素的部分是黑色的, $\tilde{A}_2$ 中元素的部分是红色的, 根本没有相同部分, 怎么黑色部分会在红色部分中呢? 但按照模糊集包含的定义, 由 $\bar{\mu}_{A_1}(x) \leqslant \bar{\mu}_{A_2}(x)$, 得 $\tilde{A}_1 \subseteq \tilde{A}_2$, 从而知模糊集包含的定义是不具备完备性的, 即产生了词不达意, 应当改正.

例 1.4.2　为了便于说明问题, 先给两组模糊集, 用延胡索 60g、海螵蛸 180g 作成两个圆形药片, 分别记为 u_1 和 u_3, 再用延胡索 3g、白矾 250g、海螵蛸 7g 混合均匀后作成圆形药片, 记为 u_2. 此外, 使 u_1 表面成为黑色, u_2 表面成为 $\frac{1}{2}$ 红色、$\frac{1}{8}$ 黑色、$\frac{3}{8}$ 白色, u_3 表面成为红色, 于是得 $U = \{u_1, u_2, u_3\}, u_1, u_2, u_3$ 合在一起为安胃片, 有制酸止痛功效, 现在不管药理作用, 抽象地用以组成两组模糊集, 即

$$U = \left\{ 黑圆(u_1), 花圆\left(\frac{1}{2}红, \frac{1}{8}黑, \frac{3}{8}白\right)(u_2), 红圆(u_3) \right\}$$
$$=\{延胡索圆(u_1), 混合圆 (延胡索 3g, 白矾 250g, 海螵蛸 7g)(u_2),$$
$$海螵蛸圆(u_3)\}$$

首先 U 中元素具有的颜色这种性质

$$F = \{黑, 白, 红\}$$

F 的子集

$$F_1 = A_1 = \{黑\}, \quad F_2 = A_2 = \{白\}, \quad F_3 = A_3 = \{红\}$$
$$F_4 = A_4 = \{黑, 白\}, \quad F_5 = A_5 = \{白, 红\}, \quad F_6 = A_6 = \{黑, 红\}$$
$$F_7 = A_7 = \{黑, 白, 红\}为元素构成集合 E$$

构造函数 $\bar{\mu}$:

$$\bar{\mu}_{A_1}(u_1) = 1, \quad \bar{\mu}_{A_1}(u_2) = \frac{1}{8}, \quad \bar{\mu}_{A_1}(u_3) = 0$$
$$\bar{\mu}_{A_2}(u_1) = 0, \quad \bar{\mu}_{A_2}(u_2) = \frac{3}{8}, \quad \bar{\mu}_{A_2}(u_3) = 0$$
$$\bar{\mu}_{A_3}(u_1) = 0, \quad \bar{\mu}_{A_3}(u_2) = \frac{1}{2}, \quad \bar{\mu}_{A_3}(u_3) = 1$$
$$\bar{\mu}_{A_4}(u_1) = 1, \quad \bar{\mu}_{A_4}(u_2) = \frac{1}{2}, \quad \bar{\mu}_{A_4}(u_3) = 0$$
$$\bar{\mu}_{A_5}(u_1) = 0, \quad \bar{\mu}_{A_5}(u_2) = \frac{7}{8}, \quad \bar{\mu}_{A_5}(u_3) = 1$$

$$\bar{\mu}_{A_6}(u_1) = 1, \quad \bar{\mu}_{A_6}(u_2) = \frac{5}{8}, \quad \bar{\mu}_{A_6}(u_3) = 1$$

$$\bar{\mu}_{A_7}(u_1) = 1, \quad \bar{\mu}_{A_7}(u_2) = 1, \quad \bar{\mu}_{A_7}(u_3) = 1$$

在这里给出了 7 个函数:

$$\bar{\mu}_{A_1}(u), \quad \bar{\mu}_{A_2}(u), \quad \bar{\mu}_{A_3}(u), \quad \bar{\mu}_{A_4}(u), \quad \bar{\mu}_{A_5}(u), \quad \bar{\mu}_{A_6}(u), \quad \bar{\mu}_{A_7}(u)$$

它们的定义域为 $U = \{u_1, u_2, u_3\}$, 其值域在 $[0, 1]$ 上, 以这些函数为隶属函数, 相应地有论域 U 上的 7 个模糊子集, 其相应的模糊子集用 $\tilde{A}_1, \tilde{A}_2, \tilde{A}_3, \tilde{A}_4, \tilde{A}_5, \tilde{A}_6, \tilde{A}_7$ 表示, 也称为 $\bar{\mu}$ 的分枝函数.

再者, U 中元素的组成成分这种性质

$$F_1 = \{延胡索, 白矾, 海螵蛸\}$$

F_1 的子集

$$F_1' = B_1 = \{延胡索\}, \quad F_2' = B_2 = \{白矾\}, \quad F_3' = B_3 = \{海螵蛸\}$$

构造函数 $\bar{\mu}'$:

$$\bar{\mu}'_{B_1}(u_1) = 1, \quad \bar{\mu}'_{B_1}(u_2) = \frac{3}{260}, \quad \bar{\mu}'_{B_1}(u_3) = 0$$

$$\bar{\mu}'_{B_2}(u_1) = 0, \quad \bar{\mu}'_{B_2}(u_2) = \frac{250}{260} = \frac{25}{26}, \quad \bar{\mu}'_{B_2}(u_3) = 1$$

$$\bar{\mu}'_{B_3}(u_1) = 0, \quad \bar{\mu}'_{B_3}(u_2) = \frac{7}{260}, \quad \bar{\mu}'_{B_3}(u_3) = 1$$

这里给出了 3 个函数:

$$\bar{\mu}'_{B_1}(u), \quad \bar{\mu}'_{B_2}(u), \quad \bar{\mu}'_{B_3}(u)$$

它们的定义域为 $U = \{u_1, u_2, u_3\}$, 其值域在 $[0,1]$ 上, 以这些函数为隶属函数, 相应地有论域 U 上的三个模糊子集, 其相应的模糊子集用 $\tilde{B}_1, \tilde{B}_2, \tilde{B}_3$ 表示, 也称为 $\bar{\mu}'$ 的分枝函数.

1.4.3　集合并运算的完备性

在康托尔集合中两个集合 A 和 B 的并集 $A \bigcup B$, 指 A 中的所有元素和 B 中的所有元素合在一起构成的集合 (这时相同的元素算作一个), 这是并集的真实含义, 也称为并集的完备性, 而模糊集 $\widetilde{A}$ 和 $\widetilde{B}$ 的并集 $\widetilde{A} \bigcup \widetilde{B}$ 的真实含义, 是指元素属于 $\widetilde{A}$ 的部分和元素属于 $\widetilde{B}$ 的部分合在一起构成的集合 (这时相同部分算作一个), 这是模糊集的并集的完备性, 集合有自己确定的隶属函数, 而隶属函数也有自己确定的集合. 在康托尔集合中, 集合 A 和集合 B 的并集 $A \bigcup B$ 可以利用它们的隶属函数定义为

$$\mu_{A \bigcup B}(x) = \mu_A(x) \vee \mu_B(x) = \max\{\mu_A(x), \mu_B(x)\}$$

不难看出这一定义 (概念) 具有并集的完备性, 即出现在 $A \bigcup B$ 中的元素一定在 A 或 B 中, 而在 A 或 B 中的元素也一定在 $A \bigcup B$ 中.

但是把这一定义, 形式化地推广到模糊集中得

$$\mu_{\widetilde{A} \bigcup \widetilde{B}}(x) = \mu_{\widetilde{A}}(x) \vee \mu_{\widetilde{B}}(x) = \max\{\mu_{\widetilde{A}}(x), \mu_{\widetilde{B}}(x)\}$$

这个模糊集并运算的定义具有完备性吗? 答案是否定的. 为此, 我们举出一个反例即可, 例 1.4.2 中给出的 U 上的模糊子集 $\widetilde{A}_1$ 和 $\widetilde{A}_2$, 它们的隶属函数为 $\bar{\mu}_{A_1}(x)$ 和 $\bar{\mu}_{A_2}(x)$, 按此定义应有

$$\bar{\mu}_{\widetilde{A} \bigcup \widetilde{B}}(x) = \bar{\mu}_{\widetilde{A}_1}(x) \vee \bar{\mu}_{\widetilde{A}_2}(x)$$
$$= \bar{\mu}_{A_1}(x) \vee \bar{\mu}_{A_2}(x) = \max\{\bar{\mu}_{A_1}(x), \bar{\mu}_{A_2}(x)\}$$

于是, 得 $\bar{\mu}_{\widetilde{A}_1 \bigcup \widetilde{A}_2}(u_2) = \bar{\mu}_{A_1}(u_2) \vee \bar{\mu}_{A_2}(u_2) = \dfrac{3}{8}$.

这 $\dfrac{3}{8}$ 实际上对应着花圆 (u_2) 上的 $\dfrac{3}{8}$ 是白色的, 而 u_2 上的 $\dfrac{3}{8}$ 白色部分属于 $\widetilde{A}_2$, 而 u_2 上 $\dfrac{1}{8}$ 黑色部分按完备性要求也应该属于 $\widetilde{A}_1 \bigcup \widetilde{A}_2$ 之中. 于是 $\bar{\mu}_{\widetilde{A}_1 \bigcup \widetilde{A}_2}(u_2) = \dfrac{1}{8} + \dfrac{3}{8} = \dfrac{4}{8} \neq \dfrac{3}{8}$, 由此, 我们看出模糊集并运算不具有完备性, 即它是词不达意, 应该改正, 否则, 就像周期函数的错误定义一样, 会在理论上和应用中出现一系列问题, 很值得注意.

1.4.4 集合交运算的完备性

在康托尔集合中, 两个集合 A 和 B 的交 $A \cap B$ 指, A 和 B 中的公共元素所组成的集合, 这是交集的真实含义, 也称为交集的完备性, 而模糊集 $\tilde{A}$ 和 $\tilde{B}$ 的交集 $\tilde{A} \cap \tilde{B}$ 的真实含义是指元素属于 $\tilde{A}$ 的部分且同时也属于 $\tilde{B}$ 的部分所组成的集合, 此乃模糊集交的完备性. 在康托尔集合中集合 A 和 B 的交 $A \cap B$ 可以用它们的隶属函数定义为

$$\mu_{A \cap B}(x) = \mu_A(x) \wedge \mu_B(x) = \min\{\mu_A(x), \mu_B(x)\}$$

不难看出, 这一定义 (概念) 具有交集的完备性, 即出现在 $A \cap B$ 的元素, 一定同时在 A 和 B 中, 而同时属于 A 和 B 的元素一定属于 $A \cap B$, 但是, 把这一定义形式化地推广到模糊集中, 得

$$\mu_{\tilde{A} \cap \tilde{B}}(x) = \mu_{\tilde{A}}(x) \wedge \mu_{\tilde{B}}(x) = \min\{\mu_{\tilde{A}}(x), \mu_{\tilde{B}}(x)\}$$

这个模糊集交运算的定义具有完备性吗? 答案是否定的, 还拿例 1.4.2 中的 $\tilde{A}_1$ 和 $\tilde{A}_2$, 可得

$$\bar{\mu}_{\tilde{A}_1 \cap \tilde{A}_2}(u_2) = \bar{\mu}_{A_1}(u_2) \wedge \bar{\mu}_{A_2}(u_2) = \frac{1}{8}$$

但按完备性要求应 $\bar{\mu}_{\tilde{A}_1 \cap \tilde{A}_2}(u_2) = 0 \neq \frac{1}{8}$.

所以模糊集交运算不具完备性, 应改正.

再看 $\tilde{A}_1$ 和 $\tilde{B}_1$

$$\bar{\mu}_{\tilde{A}_1 \cap \tilde{B}_1}(u_2) = \bar{\mu}_{\tilde{A}_1}(u_2) \wedge \bar{\mu}'_{\tilde{B}_1}(u_2) = \frac{1}{8} \wedge \frac{3}{260} = \frac{3}{260}$$

但 A_1 表示黑色的, B_1 表示由延胡索构成的, 而 $\tilde{A}_1 \cap \tilde{B}_1$ 则应既是黑色的, 又是由延胡索构成的, 而且 $\bar{\mu}'_{B_1}(u_2) = \frac{3}{260}$, u_2 是由三种成分均匀合成的, $\bar{\mu}_{A_1}(u_2) = \frac{1}{8}$, 所以, 以完备性的要求, 应有

$$\bar{\mu}_{\tilde{A}_1 \cap \tilde{B}_1}(u_2) = \frac{1}{8} \times \frac{3}{260} = \frac{3}{2080} \neq \bar{\mu}_{\tilde{A}_1 \cap \tilde{B}_1}(u_2) = \frac{3}{260}$$

同样地

$$\bar{\mu}_{\widetilde{A}_1 \bigcup \widetilde{B}_1}(u_2) = \bar{\mu}_{\widetilde{A}_1}(u_2) + \bar{\mu}'_{\widetilde{B}_1}(u_2) - \bar{\mu}_{\widetilde{A}_1 \bigcap \widetilde{B}_1}(u_2)$$

$$= \frac{1}{8} + \frac{3}{260} - \frac{3}{2080} = \frac{260 + 24 - 3}{2080} = \frac{281}{2080}$$

$$\neq \bar{\mu}_{\widetilde{A}_1}(u_2) \vee \bar{\mu}'_{\widetilde{B}_1}(u_2) = \frac{1}{8} \vee \frac{3}{260} = \frac{1}{8}$$

1.5   特征函数再讨论

纵观模糊数学的著作和文章, 都是隶属函数式的模糊集, 难见有真正集合意义下的模糊集, 此乃 "说集不见集". 能否实实在在地构造一个集合使其隶属函数为其模糊集呢? 本节即构造此例, 进而指明模糊集的概念有进一步完善的必要.

1.5.1   集合的隶属 (特征) 函数

在经典集合中, 论域 U 的子集 A 的隶属 (特征) 函数为

$$A(\mu) = \begin{cases} 1, & \mu \in A \\ 0, & \mu \overline{\in} A \end{cases}$$

其实, 若定义改为

$$A(\mu) = \begin{cases} 100, & \mu \in A \\ 0, & \mu \overline{\in} A \end{cases}$$

这时, 若 A, B 是 U 的两个子集, 则

$$(A \bigcup B)(\mu) = A(\mu) \vee B(\mu)$$

$$(A \bigcap B)(\mu) = A(\mu) \wedge B(\mu)$$

$$A^c(\mu) = 100 - A(\mu)$$

若定义再改为

$$A(\mu) = \begin{cases} 0, & \mu \in A \\ 1, & \mu \overline{\in} A \end{cases}$$

也是可以的, 不过直观上把 μ 属于 A 的程度为 0, 而不属于 A 的程度为 1(即百分之百), 故这时

$$(A{\textstyle\bigcup}B)(\mu) = A(\mu) \wedge B(\mu)$$

$$(A{\textstyle\bigcap}B)(\mu) = A(\mu) \vee B(\mu)$$

$$A^c(\mu) = 1 - A(\mu)$$

从上述看出, 一个集合可以有多种隶属函数, 而且不同隶属函数关于求并、交、余的运算也可以不同.

1.5.2 构造性举例

设 a_1, a_2, b_1, b_2 为四个互不相同的元素, 令

$$\mu_1 = \{a_1, a_2\}, \quad \mu_2 = \{b_1, b_2\}$$

而论域 $U = \{\mu_1, \mu_2\}$, 取

$$\widetilde{A}_{ij} = \{\{a_i\}, \{b_j\}\}, \quad i, j \in \{1, 2\}$$

则对 μ_1 来说, 它的两个元素中的一个在 $\{a_i\}$ 中, 所以 μ_1 对 $\widetilde{A}_{ij}$ 的隶属程度应为 $\frac{1}{2}$, 同样, μ_2 对 $\widetilde{A}_{ij}$ 的隶属程度也应为 $\frac{1}{2}$. 于是 $\widetilde{A}_{ij}$ 的隶属函数

$$\widetilde{A}_{ij}(x): \widetilde{A}_{ij}(\mu_1) = \frac{1}{2}, \quad \widetilde{A}_{ij}(\mu_2) = \frac{1}{2}$$

故 $\widetilde{A}_{ij}(x)$ 是定义域为 U, 其值域在 $[0, 1]$ 中, 按照模糊数学中的模糊集的定义, $\widetilde{A}_{ij}(x)$ 是 U 的模糊集. 同时, $\widetilde{A}_{ij}(x)$ 也是 $\widetilde{A}_{ij}$ 的隶属函数. 而当 i, j 分别取 $\{1, 2\}$ 中的不同值时, 得到四个不同的集合:

$$\widetilde{A}_{11}, \quad \widetilde{A}_{12}, \quad \widetilde{A}_{21}, \quad \widetilde{A}_{22}$$

但它们的隶属函数是相同的. 说明模糊集与其隶属函数一般并不一一对应. 可见, 用隶属函数定义模糊集并非十分理想. 虽然如此, 从模糊数学的发展来看, 那样的定义也还是很有价值的, 并需要进一步完善和发展的.

任何一门学说, 都是由开始、发展到逐步完善的过程, 开始会有不完善的地方, 处理和表达模糊信息的数学形式的有关理论, 也不例外, 本书正是考虑了近些年来一些人在模糊数学的理论研究和应用研究中发现的一些问题的基础上, 来考虑完善 "处理和表达模糊信息的数学工具" 的. 在这里考虑问题的思路和 L.A.Zadeh 有所不同. 他当时把经典集合推广到模糊集合时, 着眼于特征函数. 因为在他看来, 特征函数与其子集是互相唯一确定的. 这在经典集合中是正确的. 但想找来一种能用来表达和处理模糊信息的 "模糊集" 是否还有此性质, 当时谁也不知道. 纵观模糊数学的著作, 文章都是隶属函数式的模糊集. 难见有真正集合意义下的模糊集. 此乃 "说集不见集". $\widetilde{A}_{ij}$ 才是真正集合意义下的模糊集. 而它的隶属函数则是隶属函数意义下的模糊集. 而这里主要是从经典集合本身来推广到一种新的集合 (被称为清晰集, 如 $\widetilde{A}_{ij}$, 也可以称为集合式的模糊集) 的. $\widetilde{A}_{ij}$ 都是 U 的清晰集. 因为它们的隶属函数满足模糊集的定义, 所以 $\widetilde{A}_{ij}(x)$ 是模糊集. 推广后的集合和隶属函数不是能相互唯一确定的, 模糊数学中产生的问题主要与此有关. 清晰集实际上是集合意义下的模糊集, 它也是一个经典集合. 只是隶属度对每个 U 的元素来说不一定为 0 或 1.

　　模糊集怎么了? 它的相等、包含、并、交运算都不具备概念的完备性. 尽管 1973 年 Belleman 特别给出定理证明 L.A.Zadeh 给出的并、交运算的合理性, 因为那是就错证错, 根本没考虑概念的完备性, 也应该改正, 如何改正. 在这里我们像罗巴切夫否定欧氏几何中的平行公理, 建立罗氏几何进而证明欧氏几何是罗氏几何在某点附近的近似一样, 在这里我们要否定模糊集的有关基本概念, 建立 "清晰集", 进而阐明模糊集是清晰集中的某种等价类. 从而指出在模糊集的理论研究和应用中出现问题时, 应如何回到清晰集中找原因, 并解决问题.

第2章　模糊关系矩阵合成运算再讨论

"智者千虑必有一失"，爱因斯坦反对过量子力学和爱迪生反对过交流电的应用都是很好的明证. 但是, 他们的失误并不会影响他们的丰功伟绩, 爱因斯坦还是个伟大的科学家, 爱迪生仍是一大发明家, 人毕竟不是神, 失误是难免的, 有失误的地方正说明对这方面对了解甚少. L.A.Zadeh 是一位很有威望的控制论专家和模糊理论的创始人, 一生对人类作出了很大贡献, 但难免也出了几个失误, 本节着重指出对模糊集理论应用的三个主要方面的聚类分析、模式识别和综合评判都有重要影响, 且对模糊逻辑和模糊控制等亦很有关的模糊矩阵的合成运算所存在的必须改正的问题.

2.1　模糊矩阵与模糊关系简介

经典集合上的关系, 实际上是一个直积上的子集, 这里将介绍模糊关系. 有限论域上的关系可用 Boole 矩阵表示, 同样地, 有限论域上的模糊关系也可以用所谓模糊矩阵来表示. 由于矩阵具有直观性、可操作性, 因此, 首先介绍模糊矩阵的一些基本知识, 然后介绍模糊关系.

2.1.1　模糊矩阵的概念

定义 2.1.1　如果对于任意 $i = 1, 2, \cdots, m; j = 1, 2, \cdots, n$, 都有 $r_{ij} \in [0, 1]$, 则称矩阵 $R = (r_{ij})_{m \times n}$ 为模糊矩阵, 例如,

$$R = \begin{bmatrix} 1 & 0 & 0.1 \\ 0.5 & 0.7 & 0.3 \end{bmatrix}$$

就是一个 2×3 模糊矩阵, 若 $r_{ij} \in \{0, 1\}$, 则模糊矩阵变成 Boole 矩阵.

为了方便, 用 $\mu_{m \times n}$ 表示 $m \times n$ 模糊矩阵全体, 若 R 是一个 $m \times n$ 模糊矩阵, 则记为 $R \in \mu_{m \times n}$.

下面介绍几个特殊的模糊矩阵.

定义 2.1.2　分别称

$$O = \begin{bmatrix} 0 & 0 & \cdots & 0 \\ 0 & 0 & \cdots & 0 \\ \vdots & \vdots & & \vdots \\ 0 & 0 & \cdots & 0 \end{bmatrix}_{m \times n}$$

$$I = \begin{bmatrix} 1 & 0 & \cdots & 0 \\ 0 & 1 & \cdots & 0 \\ \vdots & \vdots & & \vdots \\ 0 & 0 & \cdots & 1 \end{bmatrix}_{m \times n}$$

$$E = \begin{bmatrix} 1 & 1 & \cdots & 1 \\ 1 & 1 & \cdots & 1 \\ \vdots & \vdots & & \vdots \\ 1 & 1 & \cdots & 1 \end{bmatrix}_{m \times n}$$

为零矩阵、单位矩阵、全称矩阵.

2.1.2　模糊矩阵的运算

1. 模糊矩阵间的关系及运算

定义 2.1.3　设 $A, B \in \mu_{m \times n}$, 记 $A = (a_{ij}), B = (b_{ij})$, 则

(1) 相等: $A = B \Leftrightarrow a_{ij} = b_{ij}, i = 1, 2, \cdots, m; j = 1, 2, \cdots, n;$

(2) 包含: $A \subseteq B \Leftrightarrow a_{ij} \leqslant b_{ij}, i = 1, 2, \cdots, m; j = 1, 2, \cdots, n.$

因此, 对任何 $R \in \mu_{m \times n}$, 总有

$$O \subseteq R \subseteq E$$

定义 2.1.4 (模糊矩阵的并、交、余运算) 设 $A = (a_{ij}), B = (b_{ij}), A, B \in \mu_{m \times n}$, 则

(1) 并: $A \bigcup B \triangleq (a_{ij} \vee b_{ij})_{m \times n}$;

(2) 交: $A \bigcap B \triangleq (a_{ij} \wedge b_{ij})_{m \times n}$;

(3) 余: $A^c \triangleq (1 - a_{ij})_{m \times n}$.

2. 模糊矩阵的合成运算

模糊矩阵的合成运算相当于矩阵的乘法运算.

定义 2.1.5 设 $A = (a_{ij})_{m \times s}, B = (b_{ij})_{s \times n}$, 称模糊矩阵 $A \circ B = (c_{ij})_{m \times n}$ 为 A 与 B 的合成, 其中 $c_{ij} = \overset{s}{\underset{k=1}{\vee}} (a_{ik} \wedge b_{kj})$, 即

$$C = A \circ B \Leftrightarrow c_{ij} = \overset{s}{\underset{k=1}{\vee}} (a_{ik} \wedge b_{kj})$$

2.1.3 模糊关系

1. 二元关系

关系是一个基本概念, 在日常生活中有 "朋友关系" "师生关系" 等, 在数学上有 "大于关系" "等于关系" 等, 而序对又可以表达两个对象之间的关系, 于是, 引进下面的定义.

定义 2.1.6 设 $X, Y \in T(U), X \times Y$ 的子集 R 称为从 X 到 Y 的二元关系, 特别地, 当 $X = Y$ 时, 称为 X 上的二元关系, 以后把二元关系简称为关系, 其中 U 是论域, $T(U)$ 是 U 的幂集.

若 $(x, y) \in R$, 则称 x 与 y 有关系, 记为 xRy; 若 $(x, y) \bar{\in} R$, 则称 x 与 y 没有关系, 记为 $x\bar{R}y$. R 的特征函数:

$$\mu_R(x, y) = \begin{cases} 1, & xRy \\ 0, & x\bar{R}y \end{cases}$$

例 2.1.1　设 $X = \{1, 4, 7, 8\}, Y = \{2, 3, 6\}$, 定义关系 $R \Leftrightarrow x < y$, 称 R 为 "小于" 关系. 于是

$$R = \{(1, 2), (1, 3), (1, 6), (4, 6)\}$$

例 2.1.2　设 $X = R$, 则子集

$$R = \{(x, y) | (x, y) \in R \times R, y = x\}$$

是 R 上元素间的 "相等" 关系.

关系的性质主要有自反性、对称性和传递性.

定义 2.1.7　设 R 是 X 上的关系.

(1) 若 $\forall x \in X$, 有 xRx, 即 $\mu_R(x, x) = 1$, 则称 R 是自反的.

(2) $\forall x, y \in X$, 若 $xRy \Rightarrow yRx$, 即 $\mu_R(x, y) = \mu_R(y, x)$, 则称 R 是对称的.

(3) $\forall x, y, z \in X$, 若 $xRy, yRz \Rightarrow xRz, \mu_R(x, y) = 1, \mu_R(y, z) = 1 \Rightarrow \mu_R(x, z) = 1$, 则称 R 是传递的.

例 2.1.3　设 $\mathbf{N}$ 为自然数集, $\mathbf{N}$ 上的关系 "$<$" 具有传递性, 但不具有自反性和对称性.

例 2.1.4　设 $T(X)$ 为 X 的幂集, $T(X)$ 上的关系 "$\subseteq$" 具有自反性和传递性, 但不具有对称性.

2. 关系的矩阵表示法

关系的表示方法很多, 除了用直积的子集表示, 对于有限论域情形, 用矩阵表示在运算上更为方便.

定义 2.1.8　设两个有限集 $X = \{x_1, x_2, \cdots, x_m\}, Y = \{y_1, y_2, \cdots, y_n\}$, R 是从 X 到 Y 的二元关系, 即

R	y_1	y_2	$\cdots$	y_n
x_1	r_{11}	r_{12}	$\cdots$	r_{1n}
x_2	r_{21}	r_{22}	$\cdots$	r_{2n}
$\vdots$	$\vdots$	$\vdots$		$\vdots$
x_m	r_{m1}	r_{m2}	$\cdots$	r_{mn}

其中

$$r_{ij} = \begin{cases} 1, & x_i R y_j \\ 0, & x_i \bar{R} y_j \end{cases}$$

称 $m \times n$ 矩阵 $R = (r_{ij})_{m \times n}$ 为 R 的关系矩阵, 记为

$$R = \begin{bmatrix} r_{11} & r_{12} & \cdots & r_{1n} \\ r_{21} & r_{22} & \cdots & r_{2n} \\ \vdots & \vdots & & \vdots \\ r_{m1} & r_{m2} & \cdots & r_{mn} \end{bmatrix}$$

由定义 2.1.8 可知, 关系矩阵中的元素或是 0 或是 1, 在数学上把诸元素只是 0 或 1 的矩阵称为 Boole 矩阵. 因此, 任何关系矩阵都是 Boole 矩阵.

例 2.1.1 中 "<" 关系 R 的关系矩阵为

$$R = \begin{bmatrix} 1 & 1 & 1 \\ 0 & 0 & 1 \\ 0 & 0 & 0 \\ 0 & 0 & 0 \end{bmatrix}$$

3. 关系的合成

通俗地讲, 若兄妹关系记为 R_1, 母子关系记为 R_2, 即 x 与 y 有兄妹关系: xR_1y; y 与 z 有母子关系: yR_2z, 那么 x 与 z 有舅甥关系, 这就是关系 R_1 与 R_2 的合成, 记为 $R_1 \circ R_2$.

定义 2.1.9　设 R_1 是从 X 到 Y 的关系, R_2 是从 Y 到 Z 的关系, 则称 $R_1 \circ R_2$ 为关系 R_1 与 R_2 的合成, 表示为

$$R_1 \circ R_2 = \{(x,z) | \exists y \in Y, 使(x,y) \in R_1, (y,z) \in R_2\}$$

$R_1 \circ R_2$ 是直积 $X \times Z$ 的一个子集, 其特征函数为

$$\mu_{R_1 \cdot R_2}(x,z) \triangleq \bigvee_{y \in Y}(\mu_{R_1}(x,y) \wedge \mu_{R_2}(y,z))$$

例 2.1.5　设 $X = \{1,2,3,4\}, Y = \{2,3,4\}, Z = \{1,2,3\}$, R_1 是从 X 到 Y 的关系, R_2 是从 Y 到 Z 的关系, 即

$$R_1 = \{(x,y) | x + y = 6\} = \{(2,4),(3,3),(4,2)\}$$

$$R_2 = \{(y,z) | y - z = 1\} = \{(2,1),(3,2),(4,3)\}$$

则 R_1 与 R_2 的合成

$$R_1 \circ R_2 = \{(2,3),(3,2),(4,1)\}$$

关系的合成也可以用矩阵表示.

设 $X = \{x_1, x_2, \cdots, x_m\}, Y = \{y_1, y_2, \cdots, y_s\}, Z = \{z_1, z_2, \cdots, z_n\}$, 从 X 到 Y 的关系 R_1 的关系矩阵 $R_1 = (r_{ij})_{m \times n}$, 从 Y 到 Z 的关系 R_2 的关系矩阵 $R_2 = (p_{ij})_{n \times s}$, 则从 X 到 Z 的关系 $R_1 \circ R_2$ 的关系矩阵 $R_1 \circ R_2 = (c_{ij})_{m \times n}$, 其中 $c_{ij} = \bigvee_{k=1}^{s}(r_{ik} \wedge p_{kj}), i = 1,2,\cdots,m; j = 1,2,\cdots,n$.

下面将例 2.1.5 用关系矩阵来表示, 设

$$R_1 = \begin{bmatrix} 0 & 0 & 0 \\ 0 & 0 & 1 \\ 0 & 1 & 0 \\ 1 & 0 & 0 \end{bmatrix}$$

$$R_2 = \begin{bmatrix} 1 & 0 & 0 \\ 0 & 1 & 0 \\ 0 & 0 & 1 \end{bmatrix}$$

则

$$R_1 \circ R_2 = \begin{bmatrix} 0 & 0 & 0 \\ 0 & 0 & 1 \\ 0 & 1 & 0 \\ 1 & 0 & 0 \end{bmatrix} \circ \begin{bmatrix} 1 & 0 & 0 \\ 0 & 1 & 0 \\ 0 & 0 & 1 \end{bmatrix} = \begin{bmatrix} 0 & 0 & 0 \\ 0 & 0 & 1 \\ 0 & 1 & 0 \\ 1 & 0 & 0 \end{bmatrix}$$

这就是例 2.1.5 的矩阵表示式.

4. 模糊关系

定义 2.1.10　设论域 U, V, 称 $U \times V$ 的一个模糊子集 $\underset{\sim}{R} \in \mathscr{T}(U \times V)$ 为从 U 到 V 的模糊关系, 记为 $U \xrightarrow{\underset{\sim}{R}} V$. 其隶属函数为映射

$$\mu_{\underset{\sim}{R}} : U \times V \to [0, 1]$$
$$(x, y) \mapsto \mu_{\underset{\sim}{R}}(x, y) \triangleq \underset{\sim}{R}(x, y)$$

并称隶属度 $\underset{\sim}{R}(x, y)$ 为 (x, y) 关于模糊关系 $\underset{\sim}{R}$ 的相关程度.

定义 2.1.11　设有三个论域 $X, Y, Z, \underset{\sim}{R}_1$ 是 X 到 Y 的模糊关系, $\underset{\sim}{R}_2$ 是 Y 到 Z 的模糊关系, 则 $\underset{\sim}{R}_1$ 与 $\underset{\sim}{R}_2$ 的合成 $\underset{\sim}{R}_1 \circ \underset{\sim}{R}_2$ 是 X 到 Z 的一个模糊关系, 其隶属函数为

$$(\underset{\sim}{R}_1 \circ \underset{\sim}{R}_2)(x, z) \triangleq \bigvee_{y \in Y} (\underset{\sim}{R}_1(x, y) \wedge \underset{\sim}{R}_2(y, z)) \tag{2.1}$$

合成公式 (2.1) 也称为最大–最小合成公式. 而更一般的公式为

$$(\underset{\sim}{R}_1 \circ \underset{\sim}{R}_2)(x, z) \triangleq \bigvee_{y \in Y} t(\underset{\sim}{R}_1(x, y), \underset{\sim}{R}_2(y, z)) \tag{2.2}$$

其中 t 表示任一 t-范数.

在实际应用中, 由于 t-范数的不同, 合成公式 (2.2) 不止一种, 其中包含式 (2.1).

2.1.4　模糊集合的其他运算

1. 模糊集的补集、并集和交集

我们知道以下基本算子: 模糊集的补集、并集和交集:

$$\mu_{\bar{A}}(x) = 1 - \mu_A(x) \tag{2.3}$$

$$\mu_{A \bigcup B}(x) = \max\{\mu_A(x), \mu_B(x)\} \tag{2.4}$$

$$\mu_{A \bigcap B}(x) = \min\{\mu_A(x), \mu_B(x)\} \tag{2.5}$$

式 (2.4) 中所定义的模糊集合 $A \bigcup B$ 是包含 A 和 B 的最小模糊集合, 式 (2.5) 中所定义的模糊集合 $A \bigcap B$ 是 A 和 B 所包含的最大模糊集合. 所以, 式 (2.3)~ 式 (2.5) 所定义的只是模糊集合的一种算子, 还有可能存在其他的算子. 例如, 可以将 $A \bigcup B$ 定义为任意一个包含 A 和 B 的模糊集 (并不一定是最小的模糊集). 这里将研究关于模糊集的交集的其他类型的算子.

为什么需要其他类型的算子呢? 主要原因在于, 在某些条件下, 算子式 (2.3)~ 式 (2.5) 也许并不令人满意. 例如, 当取两个模糊集的交集时, 可能希望较大的模糊集对结果产生影响, 但如果模糊交集选用式 (2.5) 中的最小 (min) 算子, 则可能较大的模糊集是无法产生影响的. 另一个原因在于, 从理论上研究何种类型的算子对模糊集合可行是很有意义的. 大家知道, 对非模糊集来说, 只有一种并集、补集和交集算子是可行的, 而对模糊集来说, 可能还有其他类型的算子可行, 那么这些算子是什么类型呢? 这些新算子有什么性质呢? 这些都是这里将要考虑的问题.

新算子是基于公理提出来的. 为使运算合理, 这里将从几个交集应满足的公理出发, 列举一些满足这些公理的特定公式.

2. 模糊交——t-范数

令映射 $t : [0,1] \times [0,1] \rightarrow [0,1]$, 表示由模糊集 A 和 B 的隶属度函数

向 A 和 B 的交集的隶属度函数转换的一个函数, 即

$$t[\mu_A(x), \mu_B(x)] = \mu_{A \bigcap B}(x)$$

根据式 (2.5) 可知

$$t[\mu_A(x), \mu_B(x)] = \min\{\mu_A(x), \mu_B(x)\}$$

为使函数 t 适合于计算模糊交的隶属度函数, 它至少应满足以下的四个必要条件.

公理 t_1　$t(0,0) = 0, t(a,1) = t(1,a) = a$(有界性).

公理 t_2　$t(a,b) = t(b,a)$(交换性).

公理 t_3　如果 $a \leqslant a'$ 且 $b \leqslant b'$, 则 $t(a,b) \leqslant t(a',b')$(非减性).

公理 t_4　$t[t(a,b),c] = t[a,t(b,c)]$ (结合性).

定义 2.1.12　任意一个满足公理 $t_1 \sim$ 公理 t_4 的函数 $t : [0,1] \times [0,1] \to [0,1]$ 都称为 t-范数.

3. 模糊并——s-范数

令 $s : [0,1] \times [0,1] \to [0,1]$, 表示由模糊集 A 和 B 的隶属度函数向 A 和 B 的并集的隶属度函数转换的映射, 即

$$s[\mu_A(x), \mu_B(x)] = \mu_{A \bigcup B}(x)$$

根据式 (2.2) 可知

$$s[\mu_A(x), \mu_B(x)] = \max\{\mu_A(x), \mu_B(x)\}$$

为使函数 s 适合于计算模糊并的隶属度函数, 它必须至少满足以下四个必要条件.

公理 s_1　$s(1,1) = 1, s(0,a) = s(a,0) = a$ (有界性).

公理 s_2　$s(a,b) = s(b,a)$ (交换性).

公理 s_3　如果 $a \leqslant a'$ 且 $b \leqslant b'$, 则 $s(a,b) \leqslant s(a',b')$(非减性).

公理 s_4　$s[s(a,b),c] = s[a,s(b,c)]$(结合性).

公理 s_1 是模糊并集函数在边界处的特性; 公理 s_2 保证运算结果与模糊集的顺序无关; 公理 s_3 给出了模糊并的通用必要条件: 两个模糊集合的隶属度值的上升会导致这两个模糊集的并集的隶属度值的上升; 公理 s_4 则把模糊并运算扩展至两个以上模糊集合.

定义 2.1.13　任意一个满足公理 $s_1 \sim$ 公理 s_4 的函数 $s : [0,1] \times [0,1] \to [0,1]$ 都称为 s-范数.

2.2　模糊关系矩阵合成运算讨论

在 2.1 节中简要地介绍了模糊交——t-范数的有关知识, 这里主要是说明模糊关系矩阵合成运算存在的必须纠正的错误.

例 2.2.1　设 $X = \{1,2,3,4\}, Y = \{2,3,4\}, Z = \{1,2,3\}$, R_1 是从 X 到 Y 的关系, R_2 是从 Y 到 Z 的关系, 即

$$R_1 = \{(x,y)|x+y=6\} = \{(2,4),(3,3),(4,2)\}$$

$$R_2 = \{(y,z)|y-z=1\} = \{(2,1),(3,2),(4,3)\}$$

则 R_1 与 R_2 的合成

$$R_1 \circ R_2 = \{(x,z)|x+z=5\} = \{(2,3),(3,2),(4,1)\}$$

用矩阵表示

R_1	2	3	4
1	0	0	0
2	0	0	1
3	0	1	0
4	1	0	0

即

$$R_1 = \begin{bmatrix} 0 & 0 & 0 \\ 0 & 0 & 1 \\ 0 & 1 & 0 \\ 1 & 0 & 0 \end{bmatrix}_{4\times3}$$

R_2	1	2	3
2	1	0	0
3	0	1	0
4	0	0	1

即 $R_2 = \begin{bmatrix} 1 & 0 & 0 \\ 0 & 1 & 0 \\ 0 & 0 & 1 \end{bmatrix}_{3\times3}$，而 R_1 与 R_2 的合成关系

$R_1 \circ R_2$	1	2	3
1	0	0	0
2	0	0	1
3	0	1	0
4	1	0	0

即 $R_1 \circ R_2 = \begin{bmatrix} 0 & 0 & 0 \\ 0 & 0 & 1 \\ 0 & 1 & 0 \\ 1 & 0 & 0 \end{bmatrix}_{4\times3}$，但按矩阵合成运算公式: $R_1 \circ R_2 = (c_{ij})_{m\times n}$,

其中

$$c_{ij} = \bigvee_{k=1}^{s} (r_{ik} \wedge p_{kj})$$

则

$$R_1 \circ R_2 = \begin{bmatrix} 0 & 0 & 0 \\ 0 & 0 & 1 \\ 0 & 1 & 0 \\ 1 & 0 & 0 \end{bmatrix} \circ \begin{bmatrix} 1 & 0 & 0 \\ 0 & 1 & 0 \\ 0 & 0 & 1 \end{bmatrix} = \begin{bmatrix} 0 & 0 & 0 \\ 0 & 0 & 1 \\ 0 & 1 & 0 \\ 1 & 0 & 0 \end{bmatrix}_{4\times 3}$$

从而看出, 合成关系矩阵和按矩阵合成运算公式所得是一致的.

在这里我们得知, 用矩阵表示关系、用运算公式求得合成关系是合理的.

将这里的矩阵合成运算公式照搬到模糊矩阵中去, 会不会有同样效果呢? 下面将举例说明此公式照搬是不成立的.

例 2.2.2　机器产地模型: 设 $X = \{\mu\}, Y = \{D_1, D_2\}, Z = \{D\}$, 其中, $\mu = \{a_1, a_2, a_3, a_4\}$, 亦即 μ 是一台机器由 4 个零件 a_1, a_2, a_3, a_4 构成, $D_1 = \{a_1, a_2\}$, 亦即 D_1 是分厂, a_1, a_2 是 D_1 分厂所生产的. $D_2 = \{a_3, a_4\}$, 亦即 D_2 是又一个分厂, a_3, a_4 是 D_2 分厂所生产的. $D = D_1 \bigcup D_2$ 意指 D 是总厂, D_1, D_2 为其分厂, 则 R_1 表示 X 到 Y 的关系, R_2 表示 Y 到 Z 的关系, 即

$$R_1 = \{(x,y)|x \text{ 是 } y \text{ 厂生产的}\}$$
$$R_2 = \{(y,z)|y \text{ 是 } z \text{ 的分厂}\}$$

R_1	D_1	D_2
μ	$\frac{1}{2}$	$\frac{1}{2}$

用矩阵表示 $R_1 = \left[\frac{1}{2}, \frac{1}{2}\right]_{1\times 2}$,

R_2	D
D_1	1
D_2	1

用矩阵表示 $R_2 = \begin{bmatrix} 1 \\ 1 \end{bmatrix}_{2\times 1}$, 而 R_1 与 R_2 这两个关系的合成是从 X

到 Z 的关系, 意指 μ 是总厂 D 生产的, 因为 D_1 和 D_2 都是 D 的分厂, 所以有

$$
\begin{array}{c|c}
R_1 \circ R_2 & D \\
\hline
\mu & 1
\end{array}
$$

用矩阵表示为 $[1]_{1\times 1}$.

但按模糊矩阵合成公式 (2.1) 得

$$
R_1 \circ R_2 = \left[\frac{1}{2}, \frac{1}{2}\right]_{1\times 2} \cdot \begin{bmatrix} 1 \\ 1 \end{bmatrix}_{2\times 1} = \left[\left(\frac{1}{2} \wedge 1\right) \vee \left(\frac{1}{2} \wedge 1\right)\right] = \left[\frac{1}{2}\right]_{1\times 1} \neq [1]_{1\times 1}
$$

这里看出, 用矩阵合成公式运算的结果, μ 的零件只有 $\frac{1}{2}$ 是 D 生产的, 按模糊关系的合成, μ 的零件应全部是 D 生产的, 可见矩阵合成公式算出的结果不是总可信的.

这里用的例子, 特称为机器产地模型.

下面再按模糊矩阵合成公式 (2.2) 得

$$
R_1 \circ R_2 = \left[\frac{1}{2}, \frac{1}{2}\right]_{1\times 2} \cdot \begin{bmatrix} 1 \\ 1 \end{bmatrix}_{2\times 1} = \left[t\left(\frac{1}{2}, 1\right) \vee t\left(\frac{1}{2}, 1\right)\right]_{1\times 1}
$$

$$
= \left[\frac{1}{2} \vee \frac{1}{2}\right]_{1\times 1} = \left[\frac{1}{2}\right]_{1\times 1} \neq [1]_{1\times 1}
$$

例 2.2.3 集合元素属于模型: 设

$$
X = \{\mu_1 = \{a_1, a_2, a_3\}, \mu_2 = \{b_1, b_2, b_3, b_4\}\}
$$

$$
Y = \{D_1 = \{a_1, b_1\}, D_2 = \{a_2, b_2\}\}
$$

$$
Z = \{F_1 = \{a_1, a_2, b_1, b_2\}, F_2 = \{a_1, a_2, b_1, b_2, b_3\}\}
$$

X 到 Y 的关系: $R_1 = \{(x, y) | x$ 的元素在 y 中$\}$.

$$
\begin{array}{c|cc}
R_1 & D_1 & D_2 \\
\hline
\mu_1 & \dfrac{1}{3} & \dfrac{1}{3} \\
\mu_2 & \dfrac{1}{4} & \dfrac{1}{4}
\end{array}
$$

即 $R_1 = \begin{bmatrix} \dfrac{1}{3} & \dfrac{1}{3} \\ \dfrac{1}{4} & \dfrac{1}{4} \end{bmatrix}_{2\times2}$, Y 到 Z 的关系: $R_2 = \{(y,z)|y$ 的元素在 z 中$\}$.

$$
\begin{array}{c|cc}
R_2 & F_1 & F_2 \\
\hline
D_1 & 1 & 1 \\
D_2 & 1 & 1
\end{array}
$$

即 $R_2 = \begin{bmatrix} 1 & 1 \\ 1 & 1 \end{bmatrix}_{2\times2}$, **其关系合成**: $R_1 \circ R_2 = \{(x,z)|x$ 的元素在 z 中$\}$.

$$
\begin{array}{c|cc}
R_1 \circ R_2 & F_1 & F_2 \\
\hline
\mu_1 & \dfrac{2}{3} & \dfrac{2}{3} \\
\mu_2 & \dfrac{2}{4} & \dfrac{3}{4}
\end{array}
$$

即 $R_1 \circ R_2 = \begin{bmatrix} \dfrac{2}{3} & \dfrac{2}{3} \\ \dfrac{2}{4} & \dfrac{3}{4} \end{bmatrix}_{2\times2}$, **但按合成公式计算得**

$$
R_1 \circ R_2 = \begin{bmatrix} \dfrac{1}{3} & \dfrac{1}{3} \\ \dfrac{1}{4} & \dfrac{1}{4} \end{bmatrix}_{2\times2} \circ \begin{bmatrix} 1 & 1 \\ 1 & 1 \end{bmatrix}_{2\times2}
$$

$$
=\begin{bmatrix} t\left(\dfrac{1}{3},1\right)\vee t\left(\dfrac{1}{3},1\right) & t\left(\dfrac{1}{3},1\right)\vee t\left(\dfrac{1}{3},1\right) \\ t\left(\dfrac{1}{4},1\right)\vee t\left(\dfrac{1}{4},1\right) & t\left(\dfrac{1}{4},1\right)\vee t\left(\dfrac{1}{4},1\right) \end{bmatrix}=\begin{bmatrix} \dfrac{1}{3}\vee\dfrac{1}{3} & \dfrac{1}{3}\vee\dfrac{1}{3} \\ \dfrac{1}{4}\vee\dfrac{1}{4} & \dfrac{1}{4}\vee\dfrac{1}{4} \end{bmatrix}
$$

$$
=\begin{bmatrix} \dfrac{1}{3} & \dfrac{1}{3} \\ \dfrac{1}{4} & \dfrac{1}{4} \end{bmatrix}\neq\begin{bmatrix} \dfrac{2}{3} & \dfrac{2}{3} \\ \dfrac{2}{4} & \dfrac{3}{4} \end{bmatrix}
$$

可见, 按矩阵合成公式 (2.2) 算出的结果在这里也是不可信的.

特别要指出的是, 在利用合成公式 (2.2) 运算时, 仅用到公理 $t(a,1)=t(1,a)=a$, t 是什么? 并没有具体化, 可见合成公式 (2.2) 中虽然有无限多种具体合成公式, 但哪一个也行不通, 当然合成公式 (2.1) 也是合成公式 (2.2) 中的一个.

合成公式 (2.2) 可以说是最有蒙混性的公式, 因为满足公式的 t-范数不止一种, 当你用某一个得不到正确的结论时, 说明你用错了, 应换个合适的, 那么如何找合适的? 里边有没有合适的都不知, 从 L.A.Zadeh 于 1975 年提出此合成公式 (2.2) 至今四十多年内出现过:

Dombi t-范数 (1982), Dubois-prade t-范数 (1980), Yager 的 t-范数 (1980)

还有直积、爱因斯坦、代数积等 t-范数, 可见人们是多么相信合成公式 (2.2) 的神秘. 如今用例 2.2.1、例 2.2.2, 揭穿了合成公式 (2.2) 的蒙混性, 否则还不知会有多少人致力于无为的新 t-范数的研究中.

例 2.2.4(父子关系模型)　设 a_1,a_2,a_3 为姓 a 的三个人, a_1 是 a_2 的父亲, a_2 是 a_3 的父亲. 同样地, b_1,b_2,b_3 是姓 b 的三个人, b_1 是 b_2 的父亲, b_2 是 b_3 的父亲. c_1,c_2,c_3 为姓 c 的三个人, c_1 是 c_2 的父亲, c_2 是 c_3 的父亲. d 是姓 d 的人.

令 $U=\{a_1,b_1,c_1\}, V=\{a_2,b_2,c_2\}, W=\{a_3,b_3,c_3\}, V'=\{d,b_2,c_2\}$. 再令关系

$$P(U,V)=\{(x,y)|x\text{ 是 }y\text{ 的父亲}\}$$

$$Q(V,W) = \{(x,y)|x \text{ 是 } y \text{ 的父亲}\}$$

$$(P \circ Q)(U,W) = \{(x,y)|x \text{ 是 } y \text{ 的爷爷}\}$$

用矩阵表示为

$P(U,V)$	a_2	b_2	c_2
a_1	1	0	0
b_1	0	1	0
c_1	0	0	1

即

$$P(U,V) = \begin{bmatrix} 1 & 0 & 0 \\ 0 & 1 & 0 \\ 0 & 0 & 1 \end{bmatrix}_{3\times3}$$

$Q(V,W)$	a_3	b_3	c_3
a_2	1	0	0
b_2	0	1	0
c_2	0	0	1

即

$$Q(V,W) = \begin{bmatrix} 1 & 0 & 0 \\ 0 & 1 & 0 \\ 0 & 0 & 1 \end{bmatrix}_{3\times3}$$

$(P \circ Q)(U,W)$	a_3	b_3	c_3
a_1	1	0	0
b_1	0	1	0
c_1	0	0	1

即 $(P \circ Q)(U, W) = \begin{bmatrix} 1 & 0 & 0 \\ 0 & 1 & 0 \\ 0 & 0 & 1 \end{bmatrix}_{3\times3}$，而按模糊学中的关系矩阵合成公式

$$\mu_{P \circ Q}(x, z) = \max_{y \in V} t[\mu_P(x, y), \mu_Q(y, z)]$$

$P \circ Q$ 是 $P(U, V)$ 和 $Q(V, W)$ 的合成, 其中 t 表示任一 t-范数, 得

$$P(U, V) \circ Q(V, W)$$

$$= \begin{bmatrix} 1 & 0 & 0 \\ 0 & 1 & 0 \\ 0 & 0 & 1 \end{bmatrix} \circ \begin{bmatrix} 1 & 0 & 0 \\ 0 & 1 & 0 \\ 0 & 0 & 1 \end{bmatrix}$$

$$= \begin{bmatrix} t(1,1) \vee t(0,0) \vee t(0,0) & t(1,0) \vee t(0,1) \vee t(0,0) & t(1,0) \vee t(0,0) \vee t(0,1) \\ t(0,1) \vee t(1,0) \vee t(0,0) & t(0,0) \vee t(1,1) \vee t(0,0) & t(0,0) \vee t(1,0) \vee t(0,1) \\ t(0,1) \vee t(0,0) \vee t(1,0) & t(0,0) \vee t(0,1) \vee t(1,0) & t(0,0) \vee t(0,0) \vee t(1,1) \end{bmatrix}$$

$$= \begin{bmatrix} 1 & 0 & 0 \\ 0 & 1 & 0 \\ 0 & 0 & 1 \end{bmatrix}$$

于是知 $(P \circ Q)(U, W) = P(U, V) \circ Q(V, W)$, 即合成关系矩阵等于关系矩阵的合成.

下面我们再看

$P(U, V')$	d	b_2	c_2
a_1	0	0	0
b_1	0	1	0
c_1	0	0	1

即

$$P(U, V') = \begin{bmatrix} 0 & 0 & 0 \\ 0 & 1 & 0 \\ 0 & 0 & 1 \end{bmatrix}_{3\times3}$$

$Q(V',W)$	a_3	b_3	c_3
d	0	0	0
b_2	0	1	0
c_2	0	0	1

即 $Q(V',W) = \begin{bmatrix} 0 & 0 & 0 \\ 0 & 1 & 0 \\ 0 & 0 & 1 \end{bmatrix}_{3\times3}$ ，于是，有

$$P(U,V') \circ Q(V',W) = \begin{bmatrix} 0 & 0 & 0 \\ 0 & 1 & 0 \\ 0 & 0 & 1 \end{bmatrix} \circ \begin{bmatrix} 0 & 0 & 0 \\ 0 & 1 & 0 \\ 0 & 0 & 1 \end{bmatrix}$$

$$= \begin{bmatrix} 0 & 0 & 0 \\ 0 & 1 & 0 \\ 0 & 0 & 1 \end{bmatrix} \neq \begin{bmatrix} 1 & 0 & 0 \\ 0 & 1 & 0 \\ 0 & 0 & 1 \end{bmatrix}$$

从而知 $(P \circ Q)(U,W) \neq P(U,V') \circ Q(V',W)$，即合成关系矩阵不等于关系矩阵的合成. 这里所举例子称为父子关系模型.

由父子关系模型中得知如下三点.

(1) 由 $(P \circ Q)(U,W) \neq P(U,V') \circ Q(V',W)$，即合成关系矩阵不等于关系矩阵的合成知，就普通二元关系，模糊学中的定理对任意 $(x,z) \in U \times W$，当且仅当

$$\mu_{P \circ Q}(x,z) = \max_{y \in V} t[\mu_P(x,y), \mu_Q(y,z)]$$

时，$(P \circ Q)$ 是 $P(U,V)$ 和 $Q(V,W)$ 的合成，其中 t 表示任一 t-范数，是不总成立的，而此定理是将普通二元关系的合成推向模糊二元关系合成的理论基础.

(2) 在模糊系统与模糊控制教程一书中有：令 $P(U,V)$ 和 $Q(V,W)$ 表示两个共用一个公共集 V 的普通二元关系. 定义 P 和 Q 的合成为 $U \times W$ 中的一个关系，记为 $(P \circ Q)$. 它满足 $(x,z) \in P \circ Q$ 的充要条件是至少存

在一个 $y \in V$ 使 $(x, y) \in P$ 且 $(y, z) \in Q$. 而在父子关系模型中清楚地看到至少存在一个 $y \in V$ 使 $(x, y) \in P$ 且 $(y, z) \in Q$ 是 $(x, z) \in P \circ Q$ 的充分条件而非必要条件. 因为在 V' 中不存在 a_1 的儿子 a_2 和 a_3 的父亲 a_2, 但 a_2 是存在的, 仅不在 V' 中, 所以这时 a_1 仍然是 a_3 的爷爷. 当设 $N = \{x | x 是人\}$ 时, 在父子关系模型中令 $N = V'$ 时, 则一定有

$$(P \circ Q)(U, W) = P(U, V') \circ Q(V', W)$$

从这里可以启发如何定义关系的合成.

(3) 在普通二元关系和合成的概念情况下, 既能推出 a_1 是 a_3 的爷爷, 又能推出 a_1 不是 a_3 的爷爷, 同时成立, 这样的体系难能使人满意.

(4) $P(U, V), P(U, V'), Q(V', W), Q(V, W)$ 是不同的四个关系呢? 还是同一个 (父子) 关系? 按照文献 [18]^{35} 的定义是四个不同的关系, 因为它们是不同集合的不同子集. 作为集合一般是不可能相等的, 另外, 它们确实都在想用来表示父子关系.

由上所知关于二元关系及其合成的概念都是需认真对待的.

在公式 (2.2) 中, t-范数是任意的, 而 s-范数则是用了取大 "∨" 一个特殊的, 所以人们会进一步想到, s-范数也有多种形式, 于是用 s-范数替换 "∨" 时得公式:

$$(\underset{\sim}{R}_1 \circ \underset{\sim}{R}_2)(x, z) \triangleq \underset{y \in Y}{s} \, t(\underset{\sim}{R}_1(x, y), \underset{\sim}{R}_2(y, z)) \tag{2.6}$$

其中 s 表示任一 s-范数, t 表示任一 t-范数. 这个公式更是多种多样, 其中会不会存在一个可以彻底解决模糊关系矩阵合成公式问题呢? 下面还继续看 "父子关系模型".

$$P(U, V') \circ Q(V', W) = \begin{bmatrix} 0 & 0 & 0 \\ 0 & 1 & 0 \\ 0 & 0 & 1 \end{bmatrix} \circ \begin{bmatrix} 0 & 0 & 0 \\ 0 & 1 & 0 \\ 0 & 0 & 1 \end{bmatrix}$$

$$= \begin{bmatrix} t(0,0)st(0,0)st(0,0) & t(0,0)st(0,1)st(0,0) & t(0,0)st(0,0)st(0,1) \\ t(0,0)st(1,0)st(0,0) & t(0,0)st(1,1)st(0,0) & t(0,0)st(1,0)st(0,1) \\ t(0,1)st(0,0)st(1,0) & t(0,0)st(0,1)st(1,0) & t(0,0)st(0,0)st(1,1) \end{bmatrix}$$

$$= \begin{bmatrix} 0s0s0 & 0s0s0 & 0s0s0 \\ 0s0s0 & 0s1s0 & 0s0s0 \\ 0s0s0 & 0s0s0 & 0s0s1 \end{bmatrix}$$

$$= \begin{bmatrix} 0 & 0 & 0 \\ 0 & 1 & 0 \\ 0 & 0 & 1 \end{bmatrix}_{3\times 3}$$

$$\neq \begin{bmatrix} 1 & 0 & 0 \\ 0 & 1 & 0 \\ 0 & 0 & 1 \end{bmatrix} = (P \circ Q)(U, W)$$

即 $P(U, V') \circ Q(V', W) \neq (P \circ Q)(U, W)$.

这说明关系合成的矩阵不等于关系矩阵按公式 (2.2) 的合成.

特别要指出的是, 在利用公式 (2.2) 运算时, 仅用到公理 $t(a, 1) = t(1, a) = a$ 和 $s(0, a) = s(a, 0) = a$ 和 $s[s(a, b), c] = s[a, s(b, c)]$, t 是什么、s 是什么并没有具体化, 可见合成公式 (2.2) 中多种形式, 但哪一种也不行. 从而看出沿着 L.A.Zadeh 的 t-范数和 s-范数的思路要彻底解决模糊矩阵合成公式问题是行不通的.

第 3 章　清晰集

狗是很多人都知道的, 但什么是狗? 如何来定义它? 若给出定义如下:

定义: 四条腿的动物叫狗.

按照此定义研究狗并将研究成果用于实践时, 有可能出现喂只老鼠来看家的怪事. 因为老鼠也是有四条腿的动物, 按定义是狗. 但按照人们对狗的理解, 老鼠也会看家, 这岂不怪哉. 定义是个概念, 当概念和人们想象不符时即产生词不达意, 此乃违背了概念原理的完备性.

模糊学中的种种错误促使我们要想准确解释模糊现象就需要建立新的理论——清晰理论.

3.1　模糊数学危机

对于狗的定义加上 "会看家", 对于周期函数的定义中加上 "$x \in D_f \to x \pm T \in D_f$" 即可, 都是无意地缩小了概念的内涵, 从而扩大了外延. 对 "模糊集" 的概念 L.A.Zadeh 先生也是无意中缩小了概念的内涵, 扩大了外延, 为什么?

设 X 是一普通集合, 在经典集合中则 $(T(x), \bigcup, \bigcap, c)$ 是个布尔格也称为布尔代数, 其中最大元为 X, 最小元为 $\varnothing$.

在布尔格中补元唯一且有性质:

(1) **幂等律**　$x \bigcup x = x, x \bigcap x = x$;

(2) **交换律**　$x \bigcup y = y \bigcup x, x \bigcap y = y \bigcap x$;

(3) **结合律**　$(x \bigcup y) \bigcup z = x \bigcup (y \bigcup z), (x \bigcap y) \bigcap z = x \bigcap (y \bigcap z)$;

(4) **吸收律**　$x \bigcup (x \bigcap y) = x, x \bigcap (x \bigcup y) = x$;

(5) **分配律**　$x \bigcup (y \bigcap z) = (x \bigcup y) \bigcap (x \bigcup z), x \bigcap (y \bigcup z) = (x \bigcap y) \bigcup (x \bigcap z)$;

(6) **0-1 律**　$x\bigcup\varnothing = x, x\bigcap\varnothing = \varnothing, x\bigcup I = x, x\bigcap I = x$;

(7) **复原律**　$\bar{\bar{x}} = x$;

(8) **De Morgan 律**　$\overline{x\bigcup y} = \bar{x}\bigcap\bar{y}, \overline{x\bigcap y} = \bar{x}\bigcup\bar{y}$;

(9) **排中律**　$x\bigcup\bar{x} = I, x\bigcap\bar{x} = \varnothing$.

而在 L.A.Zadeh 提出的模糊集中, $F(x), \bigcup, \bigcap, c$ 中仅不满足排中律, 故是个 DeMorgan 格也称为软代数. 可见, L.A.Zadeh 在定义模糊集时, 无意中把排中律丢失了. 这就像在狗的定义中丢失 "会看家" 一样, 结果导致养只老鼠 "看家". 如果老鼠应从狗的定义中去掉, 那么模糊集不满足排中律也该从集合中去掉. 模糊学中出现那么多的问题, 主要就是模糊集的代数结构是个软代数而不是布尔代数, 是由不满足排中律引起的, 很难想象论域 (一个普通集合)X 的一个子集 A 和其余集 A^c, 使 $A\bigcup A^c \neq X$ 和 $A\bigcap A^c \neq \varnothing$ 成立, 可是模糊集中却出现了.

3.2　清晰集的概念及运算

3.2.1　清晰集的概念

例 3.2.1(有色圆模型)(例 1.4.1)　设论域

$$U = \left\{\mu_1(半黑半红圆), \mu_1\left(\frac{1}{4}黑, \frac{1}{4}红, \frac{1}{2}白圆\right), \mu_3(白圆)\right\}$$

在 U 中任意取出若干个新组成的集合, 如 $A = \{\mu_1, \mu_3\}$ 或 $B = \{\mu_2, \mu_3\}$ 等就是 U 的经典子集. 当在 U 中取出若干个元素的一部分时, 例如, 取 μ_1 中黑色的那一部分记为 $\Delta\mu_1$(黑半圆), 取 μ_2 中红色的那一部分, 记作 $\Delta\mu_2\left(\frac{1}{4}红圆\right)$ 组成集合 $\underline{A} = \{\Delta\mu_1, \Delta\mu_2\}$, 就称为论域 U 的一个清晰子集. 一般地, 有如下定义.

定义 3.2.1　设论域 $U = \{\mu_i | i = 1, 2, \cdots, n\}, \Delta\mu_j$ 是 μ_j 的一部分, 或者 $\Delta\mu_j$ 称为 μ_j 的某一个子集, 则集合

$$\underline{A} = \{\Delta\mu_j | 0 < j \leqslant n\}$$

称为 U 的一个清晰子集, 简称清晰集.

指出以下三点:

(1) 论域 U 中元素 μ_i 这里理解合为一个经典集合, 它的子集就是它的一个部分 $\Delta\mu_i$, $\Delta\mu_i = \mu_i$ 时清晰集成为经典集合, 故是其推广.

(2) 这里是用经典集合来定义清晰集的, 抛开了特征函数.

(3) 对每个 μ_i 对清晰集 $\underset{\sim}{A}$ 来说可以是部分属于, 部分不属于, 这就是 μ_i 的亦此亦彼的模糊性, 这表明清晰集可以用来描述亦此亦彼的模糊性.

例 3.2.2 商品的条形码是由 30 条磅值不全相等的黑线和 29 条空 (白线) 规则排列及其对应代码组成的, 是表示商品特定信息的标识. 令 $O_{黑白}$= 条形码, $O_黑$={条形码中的黑线}, $O_白$={条形码中的白线}. $O_黑$, $O_白$ 的长度分别为条形码总长度的一半, 即 $O_{黑白}$={$O_黑$, $O_白$}. 设论域 $X = \{O_{黑白}\}$, 若有人问 $O_{黑白}$ 属于黑长方形吗? 回答应是黑线部分属于, 白线部分不属于, 即部分属于部分不属于.

令

$$\mu_黑 : X \to [0,1]$$

$$x \mapsto \mu_黑(x) = \frac{1}{2}(x = O_{黑白})$$

则按模糊理论映射 $\mu_黑$ 确定一模糊集记为 $\underset{\sim}{A}$ ={黑长方形}, $\frac{1}{2}$ 为条形码隶属 $\underset{\sim}{A}$ 的程度.

同样有人问 $O_{黑白}$ 属于白长方形吗? 回答应是白色部分属于白长方形, 黑色部分不属于白长方形, 再令

$$\mu_白 : X \to [0,1]$$

$$x \mapsto \mu_白(x) = \frac{1}{2}(x = O_{黑白})$$

则映射 $\mu_白$ 确定一模糊集记为 $\underset{\sim}{B}$ ={白长方形}, $\frac{1}{2}$ 为条形码隶属 $\underset{\sim}{B}$ 的程度.

$\mu_{白}$ 和 $\mu_{黑}$ 它们的定义域 X 相同, 且函数值也相同, 故

$$\mu_{黑}(x) \equiv \mu_{白}(x)(x = O_{黑白})$$

而且 $\mu_{黑}^c = 1 - \dfrac{1}{2} = \mu_{白}, \mu_{白}^c = 1 - \dfrac{1}{2} = \mu_{黑}$, 即 $\mu_{黑}$ 与 $\mu_{白}$ 互为补集.

按照模糊集的理论

$$\mu_{白} \bigcup \mu_{白}^c = \frac{1}{2} \vee \frac{1}{2} = \frac{1}{2} \neq 1 \mu_{黑} \bigcup \mu_{黑}^c = \frac{1}{2} \vee \frac{1}{2} = \frac{1}{2} \neq 1$$

$$\mu_{白} \bigcap \mu_{白}^c = \frac{1}{2} \wedge \frac{1}{2} = \frac{1}{2} \neq 0$$

$$\mu_{黑} \bigcap \mu_{黑}^c = \frac{1}{2} \wedge \frac{1}{2} = \frac{1}{2} \neq 0$$

即排中律不成立.

这里虽然 $\mu_{白} = \mu_{黑}$ 是一个, 但从它们的背景看, 表示的含义绝不能相同. 从而用来表达和处理部分属于部分不属于的模糊性的模糊集 $\underset{\sim}{A}$ 和它的隶属函数并非是互相唯一确定的 (这是模糊集理论的一个重大失误). $\mu_{\underset{\sim}{A}}$ 可以是若干个模糊集 $\underset{\sim}{A}$ 共同的隶属函数. 实际上模糊集的定义中仅有 $\mu_{\underset{\sim}{A}}$, 即仅有一个称为隶属函数的函数, 哪有什么其他的模糊集, 因此根本无所谓证明 $\mu_{\underset{\sim}{A}}$ 与 $\underset{\sim}{A}$ 是互相唯一确定的.

令 $\underline{A} = \{O_{黑}\}, \underline{B} = \{O_{白}\}$, 则 $\underline{A}, \underline{B}$ 为论域 X 的两个清晰子集, 对于 X 的元素 $O_{黑白}$(条形码) 部分属于 $\underline{A}$ 或 $\underline{B}$ 部分不属于 $\underline{A}$ 或 $\underline{B}$, 故清晰集能表示亦此亦彼的模糊现象.

定义 3.2.2　设 $\underline{A}, \underline{B}$ 是论域 U 的两个清晰子集, 当对于 U 的任意元素 μ, 有 μ 的在 $\underline{A}$ 中的部分 $\Delta\mu_{\underline{A}}$, 即 $\Delta\mu_{\underline{A}} \in \underline{A}$, 都有 $\Delta\mu_{\underline{A}} \in \underline{B}$ 时, 称 $\underline{A}$ 包含于 $\underline{B}$ 或 $\underline{B}$ 包含 $\underline{A}$, 记为 $\underline{A} \subseteq \underline{B}$, 当 $\underline{A} \subseteq \underline{B}$ 且 $\underline{B} \subseteq \underline{A}$ 时, 称 $\underline{A}$ 等于 $\underline{B}$, 记为 $\underline{A} = \underline{B}$, 在这里定义清晰集 $\underline{A}$ 和 $\underline{B}$ 的包含和相等时抛开了特征函数的概念.

3.2.2 清晰集的运算

设论域 $U = \{\mu_1, \mu_2, \cdots, \mu_n\}$, 而它的清晰集

$$\underline{A} = \{\Delta\mu_1, \Delta\mu_2, \cdots, \Delta\mu_n\}$$

$$\underline{B} = \{\Delta'\mu_1, \Delta'\mu_2, \cdots, \Delta'\mu_n\}$$

其中某 $\Delta\mu_i$ 或 $\Delta'\mu_i$ 可能不存在, 这时认为 $\Delta\mu_i$ 或 $\Delta'\mu_i$ 是 μ_i 的空子集, 则其并、交分别为

$$\underline{A}\bigcup\underline{B} = \{\Delta\mu_1\bigcup\Delta'\mu_1, \Delta\mu_2\bigcup\Delta'\mu_2, \cdots, \Delta\mu_n\bigcup\Delta'\mu_n\}$$

$$\underline{A}\bigcap\underline{B} = \{\Delta\mu_1\bigcap\Delta'\mu_1, \Delta\mu_2\bigcap\Delta'\mu_2, \cdots, \Delta\mu_n\bigcap\Delta'\mu_n\}$$

即若 $\Delta\mu_i \in \underline{A}, \Delta'\mu_i \in \underline{B}(i = 1, 2, \cdots, n)$, 则

$$(\Delta\mu_i\bigcup\Delta'\mu_i) \in (\underline{A}\bigcup\underline{B}), \quad (\Delta\mu_i\bigcap\Delta'\mu_i) \in (\underline{A}\bigcap\underline{B})$$

而 $\underline{A}$ 的补集 $\underline{A}^c = \{(\Delta\mu_1)^c, (\Delta\mu_2)^c, \cdots, (\Delta\mu_n)^c\}$.

例 3.2.3 (为方便理解, 仍举有色圆模型) 设

$$U = \left\{\mu_1\left(\frac{1}{2}黑圆, \frac{1}{2}红圆\right), \mu_2\left(\frac{1}{4}黑圆, \frac{1}{4}红圆, \frac{1}{2}白圆\right), \mu_3(白圆)\right\}$$

U 的子集

$$\underline{A} = \left\{\Delta\mu_1\left(\frac{1}{2}黑圆\right), \Delta\mu_2\left(\frac{1}{4}黑圆\right)\right\}$$

$$\underline{B} = \left\{\Delta'\mu_1\left(\frac{1}{2}红圆\right), \Delta'\mu_2\left(\frac{1}{4}红圆\right)\right\}$$

则

$$\underline{A}\bigcup\underline{B} = \left\{\Delta''\mu_1\left(\frac{1}{2}黑圆, \frac{1}{2}红圆\right), \Delta''\mu_2\left(\frac{1}{2}黑圆, \frac{1}{2}红半圆\right)\right\}$$

$$= \left\{\Delta''\mu_1(半黑半红圆), \Delta''\mu_2(半黑半红半圆)\right\}$$

$$\underline{A}\bigcap\underline{B} = \{\Delta'''\mu_1(\phi), \Delta'''\mu_2(\phi)\} = \varnothing$$

$$\underline{A}^c = \left\{ \Delta''''\mu_1 \left(\frac{1}{2} 红圆 \right), \Delta''''\mu_2, \mu_3(白圆) \right\}$$
$$= \{半红圆, 90° 红 180° 白的扇形, \mu_3(白圆)\}$$

其中 $\Delta''''\mu_2$ 是 μ_2 去掉 $\frac{1}{4}$ 黑色部分所成的扇形.

和经典集合一样可讨论其封闭性、交换律、结合律, 单位元的存在性、吸收律、分配律、幂等律、两极律、对合律、对偶律等, 这里暂不讨论.

3.2.3 清晰集的量化

在经典集合中论域 U 上的子集, 有一个定义在 U 上取值在 $\{0,1\}$ 上的函数称为子集的特征函数, 特征函数由子集唯一确定, 子集也由特征函数唯一确定, 从而我们既可以把子集看成函数, 也可以把函数看成子集. L.A.Zadeh 当初就是从这里把取值由 $\{0,1\}$ 变为 $[0,1]$ 来推广经典集合而得模糊集的, 而我们这里是将 $\mu \in A$ 变为 $\Delta\mu \in \underline{A}$ 来推广经典集合而得清晰集的. 清晰集的量化就是想找一个定义域为论域 U 而值域在 $[0,1]$ 中的函数, 作为清晰集 $\underline{A}$ 的量化值, 用怎样的函数作为 $\underline{A}$ 的量化值呢? 若随便给以定义在 U 上取值在 $[0,1]$ 中的函数作为 $\underline{A}$ 的量化值, 那是很容易的, 但要使它的值能反映 u_i 属于 $\underline{A}$ 的程度且在集合之间的运算中能在函数之间反映出来, 那就需要认真地确定了. 下面给出几种清晰集的量化方法.

1. 清晰集的几何量化法

设论域
$$U = \{\mu_1, \mu_2, \cdots, \mu_n\}$$

它的一个清晰集
$$\underline{A} = \{\Delta\mu_1, \Delta\mu_2, \cdots, \Delta\mu_n\}$$

当其中某 $\Delta\mu_i = \varnothing$ 时, 认为其没在 $\underline{A}$ 中出现. 当 μ_i 为平面图形时, 也用

μ_i 表示其图形的面积, 同样用 $\Delta\mu_i$ 表示其面积, 则定义在 U 上取值 $[0,1]$ 中的函数

$$\underline{A}(x) = \frac{\Delta x}{x} x = \mu_i (i = 1, 2, \cdots, n)$$

称为 $\underline{A}$ 的量化值, 也称为 $\underline{A}$ 的隶属函数.

当 μ_i 为任意曲面、任意曲线、任意几何体时, 可类似定义 $\underline{A}$ 的量化值, 不同之处仅在于 μ_i 为任意曲面的面积、任意曲线的长度、任意几何体的体积.

2. 清晰集的物理量化法

设论域

$$U = \{u_1, u_2, \cdots, u_n\}$$

它的一个清晰集

$$\underline{A} = \{\Delta u_1, \Delta u_2, \cdots, \Delta u_n\}$$

当 u_i 为某一物体时, 也用 u_i 表示该物体的重量, 同样用 Δu_i 表示其重量, 则定义在 U 上取值于 $[0,1]$ 中的函数

$$\underline{A}(x) = \frac{\Delta x}{x} = u_i (i = 1, 2, \cdots, n)$$

称为 $\underline{A}$ 的量化值, 也称为 $\underline{A}$ 的隶属函数. 当 u_i 表示物体的质量时, 类似地, 也可以定义 $\underline{A}$ 的量化值.

3. 清晰集的概率量化法

设论域

$$U = \{u_1, u_2, \cdots, u_n\}$$

设 u_i 是已定的概率样本空间, 而 u_i 的子集 Δu_i 即事件, 它的概率为 $P(\Delta\mu_i)$. 而 U 的清晰集

$$\underline{A} = \{\Delta u_1, \Delta u_2, \cdots, \Delta u_n\}$$

则定义在 U 上取值于 $[0,1]$ 中的函数

$$\underline{A}(x) = P(\Delta x)x = u_i (i = 1, 2, \cdots, n)$$

称为 $\underline{A}$ 的量化值, 也称为 $\underline{A}$ 的隶属函数. 当 $P(\Delta \mu_i) = \dfrac{\Delta u_i}{u_i}$ 时, 即为 1, 2, 几何量化值和物理量化值, 量化值即隶属函数. 这里可以看出, 由于不同的事件, 可以有相同的概率, 所以不同的清晰集 $\underline{A}$ 和 $\underline{B}$, 它们的隶属函数 $\underline{A}(x)$ 和 $\underline{B}(x)$ 可以相同: $\underline{A}(x) = \underline{B}(x)$, 所以, 在清晰集中和经典集合不同, 在经典集合中, 隶属函数可以唯一确定集合, 集合唯一确定隶属函数, 而清晰集中一个隶属函数可以是不同的清晰集. 正因为如此, 在经典集合中隶属函数也称为特征函数, 而在清晰集中只谈隶属函数, 不谈特征函数.

3.2.4 清晰集并、交、余的隶属函数

根据清晰集 $\underline{A}$、$\underline{B}$ 的定义、$\underline{A} \bigcup \underline{B}$, $\underline{A} \bigcap \underline{B}$, $\underline{A}^c$ 定义和概率量化法定义得

$$(\underline{A} \bigcup \underline{B})(x) = \underline{A}(x) + \underline{B}(x) - (\underline{A} \bigcap \underline{B})(x)$$

$$(\underline{A}^c)(x) = 1 - \underline{A}(x)$$

连同 $(\underline{A} \bigcap \underline{B})(x)$ 都是完全确定的, 不像模糊集的取大、取小都是人为设定的.

例 3.2.4 设论域 $U = \{\mu_1, \mu_2\}$ 且

$$\mu_1 = \{a_1, a_2, a_3, a_4\}, \quad \mu_2 = \{b_1, b_2, b_3, b_4, b_5, b_6\}$$

其中 a_1, a_2 和 b_1, b_2, b_3 为美国造的零件, 而 a_3, a_4 和 b_4, b_5, b_6 为法国造的零件, 于是, 得清晰集:

$$\underline{D} = \{\{a_1, a_2\}, \{b_1, b_2, b_3\}\} \quad 和 \quad \underline{F} = \{\{a_3, a_4\}, \{b_4, b_5, b_6\}\}$$

U 的清晰集 $\underline{D}, \underline{F}$ 的隶属函数分别为

$$\underline{D}(x) : \underline{D}(\mu_1) = \frac{1}{2}, \quad \underline{D}(\mu_2) = \frac{1}{2}$$

$$\underline{F}(x) : \underline{F}(\mu_1) = \frac{1}{2}, \quad \underline{F}(\mu_2) = \frac{1}{2}$$

它们都是定义在 U 上, 取值在 $[0, 1]$ 的函数, 而 $\frac{1}{2}$ 则对 $\underline{D}(x)$ 来说对应着 U 中的汽车 μ_1, μ_2 的零件在美国造的是其全部零件的百分比, 对 $\underline{F}(x)$ 来说对应着在法国造的是其全部零件的百分比, 即车属于美国车和法国车的程度, 即 μ_1, μ_2 隶属于 $\underline{D}$ 和 $\underline{F}$ 的程度, L.A.Zadeh 预感到隶属程度即经典集的隶属度, 所以 $\underline{D}(x)$ 和 $\underline{F}(x)$ 是某个集的隶属函数, 在经典集中 $\underline{D}(x)$ 和 $\underline{F}(x)$ 取值应在 $\{0, 1\}$ 中, 但现在成了 $[0, 1]$, 于是大胆地提出了模糊集的概念 (他说的模糊集实指其隶属函数), $\underline{D}(x)$ 和 $\underline{F}(x)$ 都是模糊集. 虽然有很多需要完善的地方, 但当时这是表达和处理模糊信息唯一的数学工具, 由此为模糊学作出了不小贡献. 进而盲目地将 1.2 节中的 (1)~(5) 错误地照搬, 就出现了问题.

(1) 由于 $\underline{D}(x) = \underline{F}(x)$, 按照模糊集来说是一个模糊集, 由于认为模糊集和其隶属函数是互相唯一确定的, 所以 $\underline{D}(x)$ 和 $\underline{F}(x)$ 是一个, 但从清晰集来看是不同的两个清晰集, 而它们的隶属函数相同, 而客观上看 $\underline{D}$ 是美国造的零件的集合, 而 $\underline{F}$ 是法国造的零件的集合, 怎么也不会相等.

(2) 由于 $\underline{D}(x) = \underline{F}(x)$, 按照模糊集来说 $\underline{D} \subseteq \underline{F}$, 可是 $\underline{D}(x)$ 和 $\underline{F}(x)$ 分别表示美国造的零件和法国造的零件与汽车的全部零件的百分比, 根本与两个集合 $\underline{D}$ 和 $\underline{F}$ 之间的包含和相等是毫不相干的东西, 怎么能用来定义两个集合之间的包含关系呢? 当然只有在 $\underline{D}(x)$ 和 $\underline{F}(x)$ 仅取 $\{0, 1\}$ 中的值时, 不难证 $\underline{D} \subseteq \underline{F}$, 从这里看出仅仅从隶属函数是根本不可能定义模糊集之间的相等和包含关系的, 所以, 看出不引入清晰集是不可能解决定义模糊集的包含和相等关系的. L.A.Zadeh 给出的

$$\underset{\sim}{A} \subseteq \underset{\sim}{B} \Leftrightarrow \mu_{\underset{\sim}{A}}(x) \leqslant \mu_{\underset{\sim}{B}}(x)$$

$$\underset{\sim}{A} = \underset{\sim}{B} \Leftrightarrow \mu_{\underset{\sim}{A}}(x) = \mu_{\underset{\sim}{B}}(x)$$

实在是错误地照搬.

(3) 按照清晰集,

$$\underline{D} \bigcup \underline{F} = (D \bigcup D^c) = U$$

$$(\underline{D} \bigcup \underline{F})(x) = \underline{D}(x) + \underline{F}(x) - (\underline{D} \bigcap \underline{F})(x) = \underline{D}(x) + \underline{F}(x) \equiv 1 \equiv U(x)$$

即互补律成立, 其直观意义是美国造的零件和法国造的零件合在一起, 即车的全部零件, 是合理的. 但按模糊集,

$$\begin{aligned}(\underline{D} \bigcup \underline{F})(x) &= \underline{D}(x) \vee (D)^c(x)\\ &= \frac{1}{2} \vee \frac{1}{2} = \frac{1}{2}\end{aligned}$$

即互补律不成立, 其直观意义为美国造的零件和法国造的零件合在一起是全部汽车零件的一半, 模糊集理论在这里推出了一个多么荒谬的结论.

按照清晰集

$$\underline{D} \bigcap \underline{F} = \underline{D} \bigcap \underline{D}^c = \phi$$

即 $(\underline{D} \bigcap \underline{F})(x) = \phi(x) = 0$, 即矛盾律成立, 其直观意义是汽车零件没有两国合造的, 与假设相符, 合情合理.

但按模糊集,

$$(\underline{D} \bigcap \underline{F})(x) = \underline{D}(x) \wedge \underline{F}(x) = \underline{D}(x) \wedge \underline{D}^c(x) \equiv \frac{1}{2}$$

即矛盾律不成立, 其直观意义为车的零件有一半既是美国造的又是法国造的, 与假设不符, 推出了荒谬的结论.

综上所述, 模糊数学中的排中律不成立都是由取大、取小运算的不合理规定所致. 而且不引入清晰集的概念, 就没法合理地给出恰当定义, 难怪在模糊数学中给出了那么多算子, 但都不成功.

3.3 清晰集与模糊集的关系和区别

3.3.1 清晰集与模糊集的关系

设论域 $U = \{u_1, u_2, \cdots, u_n\}$, 当 $u_i(i = 1, 2, \cdots, n)$ 是已定义的概率空间时, U 的清晰子集 $\underline{A}_j$ 则已取概率量化值. 这时 U 的每个清晰集 $\underline{A}_j$ 都有隶属函数 $\underline{A}_j(x)$, 而且不同的 $\underline{A}_j$ 与 $\underline{A}_k$ 可以有相同的隶属函数, 将具有相同隶属函数的清晰集分成一类. 于是 U 的所有已量化的清晰集被分成了若干类, 每类中的清晰集有共同的一个隶属函数, 这个隶属函数称为该类的特征函数. 特征函数是定义域为 U 而取值在 $[0,1]$ 中的函数, 每一类有确定的特征函数, 而每一个特征函数也对应着一个类, 将模糊集的定义与之比较, 可以看出模糊集实质上为清晰集的一种等价类, 对模糊集的研究就是对清晰集的等价类的研究.

3.3.2 清晰集与模糊集的区别

1. 华英难题

一个圆盘, 其圆心 O 为黑色的, 其他部分是红色的, 若问这个圆盘属于红圆盘吗? 答案只能是部分 (除圆心之外) 属于红圆盘, 部分 (圆心) 不属于红圆盘. 那么按照模糊集理论, 应有映射:

$$\mu_{\text{红}} : X \to [0,1]$$

$$x \mapsto \mu_{\text{红}}(x) \in [0,1] \ (x \equiv \text{圆盘})$$

而 $\mu_{\text{红}}(x)$ 该等于什么呢? 华英觉得: $\mu_{\text{红}}(x) = 1$ 不行, 因为圆不全是红的, 进而 $\mu_{\text{红}}(x) = 0.9, \mu_{\text{红}}(x) = 0.99, \cdots, \mu_{\text{红}}(x) = 0.\overset{n\text{个}}{\overbrace{9\cdots9}}$ 都不行, 若无限下去, $\mu_{\text{红}}(x) = 0.9\cdots9\cdots = 0.\dot{9} = 1$ 也不行, 于是无法确定 $\mu_{\text{红}}(x)$, 其实当圆盘中黑点的个数为有限个或可列无穷个也一样. 从这里看出 L.A.Zadeh 定

义的模糊子集理论连这样简单的部分属于、部分不属于的模糊性问题都不能表达和处理, 怎能作为模糊理论的基础发展下去呢?

但按清晰集理论: 令 $X = \{(x,y)|0 \leqslant x^2+y^2 \leqslant 1\} = \{\{(0,0)\}, \{(x,y)|0 < x^2 + y^2 \leqslant 1\}\}$, 则 $\underline{A}=\{(0,0)\}, \underline{B}=\{(x,y)|0 < x^2 + y^2 \leqslant 1\}$ 都是 X 的清晰集.

对于论域 X 的元素 $u(=$ 圆盘) 部分属于 $\underline{A}$ 或 $\underline{B}$, 部分不属于 $\underline{A}$ 或 $\underline{B}$, 圆盘是红圆盘还是不是红圆盘? 对于这种模糊现象清晰集表现得非常完美, 这也是清晰集与模糊集的本质区别.

2. 狄利克雷正方形是什么颜色

现有一个边长为 1 的正方形, x 轴上的有理点对应的是一条竖直方向上的从 0 到 1 的黑线段, x 轴上的无理点对应的是竖直方向上的从 0 到 1 的白线段, 此正方形记为 $\square_{黑白}$. 若问此正方形属于白正方形吗? 答案只能是部分 (无理点对应的线段组成的部分) 属于白正方形, 部分 (有理点对应的线段组成的部分) 不属于白正方形. 那么按照模糊集的理论, 应有映射:

$$\mu_{白} : X \to [0,1]$$

$$x \mapsto \mu_{白}(x) \ (x = \square_{黑白})$$

那么, $\mu_{白}(x)$ 应该是多少呢? $\mu_{白}(x) = 1$ 吗? 显然不行, 因为正方形不是全白的. 那么应该有 $\mu_{白}(x) = 0$ 吗? 显然也不行, 因为正方形也不是一点白的都没有. 那么, $\mu_{白}(x)$ 应该等于 0.5 或者是 $(0, 1)$ 内的其他数吗? 事实上, $\mu_{白}(x)$ 和无论哪个数都不相等. 因为, 根据模糊集合隶属函数的定义, $\mu_{白}(x)$ 应为白色部分的面积 $S_{白}$ 与正方形面积 $S = 1$ 的比值. 那么 $S_{白}$ 应该是多少呢? 根据定积分的几何意义, 应有: $S_{白} = \int_0^1 f(x)\mathrm{d}x = \lim_{\lambda \to 0} \sum_{i=1}^{n} f(\xi_i) \cdot \Delta x_i$, 其中 $f(\xi_i)$ 应这样取值: 当 ξ_i 为 Δx_i 上的无理点时, $f(\xi_i)$ 取值为 1; 当 ξ_i 为 Δx_i 上的有理点时, $f(\xi_i)$ 取值为 0. 当每个小

区间 Δx_i 上的 ξ_i 都取有理数时, $f(\xi_i)$ 均为 0, $\sum\limits_{i=1}^{n} f(\xi_i) \cdot \Delta x_i = 0$ 进而 $\lim\limits_{\lambda \to 0} \sum\limits_{i=1}^{n} f(\xi_i) \cdot \Delta x_j = 0.$ 当每个小区间 Δx_j 上的 ξ_i 都取无理数时, $f(\xi_i)$ 均为 1, $\sum\limits_{i=1}^{n} f(\xi_i) \cdot \Delta x_i = 1$ 进而 $\lim\limits_{\lambda \to 0} \sum\limits_{i=1}^{n} f(\xi_i) \cdot \Delta x_i = 1$, 这说明 $\lim\limits_{\lambda \to 0} \sum\limits_{i=1}^{n} f(\xi_i) \cdot \Delta x_i$ 不存在, 进而, $S_{白}$ 的面积不存在, 也就是说 $S_{白}$ 是不可测的. 该正方形是什么颜色? 用模糊集怎么表示? 这让狄利克雷犯难了. 但我们设论域 $X = \{\Box_{黑白} = \{\Box_{黑}, \Box_{白}\}\}$, $\Box_{黑}$ 表示 $\Box_{黑白}$ 中黑色线段组成的集合, 即 x 轴上有理数对应的线段组成的集合. $\Box_{白}$ 表示 $\Box_{黑白}$ 中白色线段, 即 x 轴上无理数对应的线段组成的集合. 由这两部分得 X 的两个清晰子集: $\underline{A} = \{\Delta\Box_{黑白} = \{\Box_{黑}\}\}$ 和 $\underline{B} = \{\Delta'\Box_{黑白} = \{\Box_{白}\}\}$. "狄利克雷正方形是什么颜色" 这一模糊现象用清晰集表示得非常清晰.

模糊集虽有很大价值, 但它的出现至今才不到 40 年, 所以难免有不完善的地方, 清晰集是在考虑了一些人对模糊集的理论和应用研究中提出的疑义的基础上提出的, 所以它有利于模糊集中一些问题的澄清. 再者, 由于模糊集是清晰集的等价类, 所以对模糊集的研究也是对清晰集的研究, 模糊集的价值也是清晰集的价值, 且清晰集会比模糊集更有价值, 所以值得人们去研究和发展.

本节的讨论仅限在 U 为有限集, 实际其方法和结论对任意论域 U 都是成立的.

我们再来看下面例子.

例 3.3.1 令 $\mathbf{R}$ 为全体实数组成的集合, $A = (0,1]$, 设论域 $U = \mathbf{R}$, 则 $\underline{A} = \{A\}$ 及 U 都是 U 的清晰子集, 对于清晰集 $\underline{A}$ 能否找到它的隶属函数? 隶属度又是多少?

解 不能.

例 3.3.2 令 $\infty =$ 宇宙 (含万事万物的客观存在), @= 天宫一号飞船, 设论域 $U = \{\infty\}$, $\underline{A} = \{@\}$, 则 U 的元素 ∞ 对 $\underline{A}$ 来说是部分属于、部

分不属于.

对于这种模糊现象, 模糊理论能找到这样的映射吗?

解   不能.

例 3.3.3   有一圆 O(图 3.1), 其圆心为 O. 过圆心 O 的一水平直径 NOK, 其上半圆为红色称为红半圆, 记为 $O_红$, 下半圆为黑色, 记为 $O_黑$. 我们将圆 O 的直径 NOK 挖掉, 此余下部分称为黑红圆, 记为 $O_{黑红}$, 因为它是 $O_红$ 和 $O_黑$ 两部分组成的, 故可表为 $O_{黑红} = \{O_黑, O_红\}$, 即把 $O_{黑红}$ 看成一个集合. 其元素为 $O_黑, O_红$. 问在论域 $X = \{O_{黑红} = \{O_黑, O_红\}\}$ 上它的模糊集和清晰集有什么不同? (请读者自己解答)

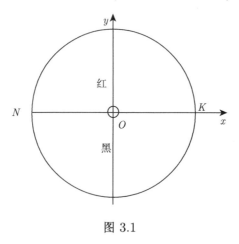

图 3.1

3.4   可能性测度公理 3 再认识

3.4.1   可能性测度错误

在《模糊系统与模糊控制教程》(文献 [18][315−316]) 中写道: 可能性的直观方法源于模糊约束的概念. 以 U 为论域, x 为在 U 上取值的一个变量, A 为 U 上的一个模糊集, 则命题 "x 为 A" 可以解释为对 x 的取值起一种约束的作用, 这种约束用隶属度函数 μ_A 来描述. 换言之, 也可以把 $\mu_A(u)$ 解释为 $x = u$ 时的可能性的程度. 例如, 设 x 表示人的年龄, A 表

示模糊集 "年轻". 假设已知 "一个人是年轻的" (x 为 A), 则 $\mu_A(30)$ 可以看成此人的年龄是 30 的可能性程度. 为规范起见, 给出如下定义.

定义 3.4.1　给定 U 上模糊集 A 和命题 "x 为 A", 则与 x 有关联的可能性分布, 记为 π_x, 可在数值上定义为等于 A 的隶属度函数, 即

$$\pi_x(u) = \mu_A(u), \quad u \in U. \tag{3.1}$$

举个例子, 将模糊集 "小整数" 定义为

$$\text{小整数} = 1/1 + 1/2 + 0.8/3 + 0.6/4 + 0.4/5 + 0.2/6 \tag{3.2}$$

则命题 "x 是小整数" 就使得 x 与如下的可能性分布联系在一起

$$\pi_x = 1/1 + 1/2 + 0.8/3 + 0.6/4 + 0.4/5 + 0.2/6 \tag{3.3}$$

其中任一项, 如 0.8/3, 表明 "x 是 3" 确定命题 "x 是小整数" 的可能性为 0.8.

现在, 令 x 表示一个人的年龄, A 表示模糊集 "年轻". 给定 "x 为 A" 时, 可知 $x = 30$ 的可能性等于 $\mu_A(30)$. 或许有人问: "已知一个人是年轻的, 那么这个人的年龄在 25 和 35 之间的可能性是多少呢?" 对该问题一个合适的答案是 $\sup\limits_{u \in [25,35]} \pi_A(u)$. 推广这个例子就可以得到可能性测度的概念.

定义 3.4.2　设 C 为 U 上的一个清晰子集, π_x 是与 x 有关联的可能性分布, 则 x 属于 C 的可能性测度, 记为 $\text{Pos}_x(C)$, 可定义为

$$\text{Pos}_x(C) = \sup_{u \in C} \pi_x(u) \tag{3.4}$$

例如, 考虑由式 (3.2) 所定义的模糊集 "小整数" 和命题 "x 是小整数", 若 $C = \{3, 4, 5\}$, 则 x 等于 3, 4 或 5 的可能性测度为

$$\text{Pos}_x(C) = \sup_{u \in \{3,4,5\}} \pi_x(u) = \max\{0.8, 0.6, 0.4\} = 0.8$$

注　在定义 3.4.2 中的可能性测度 $\mathrm{Pos}_x(C)$, 当 $C = U$ 时, π_x 是与 x 有关联的可能性分布, π_x 为模糊集 A, 则 $\mathrm{Pos}_x(C)$ 即称为模糊集 A 的可能性测度, 且记为 $\mathrm{Pos}\{A\}$.

在文献 [15][75] 指出: 设 $(\Theta, p(\Theta), \mathrm{Pos})$ 是一个可能性空间, 则有: 对于任意 $A \in p(\Theta)$, 总有 $0 \leqslant \mathrm{Pos}\{A\} \leqslant 1$. 现在以例 3.3.2 来说明此结论和证明的错误性.

在文献 [15] 的证明过程中有 "$\Theta = A \bigcup A^c$ 可知 $\mathrm{Pos}\{A\} \vee \mathrm{Pos}\{A^c\} = \mathrm{Pos}\{\Theta\} = 1$, 从而 $\mathrm{Pos}\{A\} \leqslant 1$". 在例 3.3.2 中有:

$$\mu_{\text{黑}}: U \to [0, 1], x \mapsto \mu_{\text{黑}}(x) = \frac{1}{2}(x = O_{\text{黑白}}),$$

因此按照模糊集的理论有: $\mu_{\text{黑}} \bigcup \mu_{\text{黑}}^c = \frac{1}{2} \vee \frac{1}{2} = \frac{1}{2}$, 得到 $\Theta \neq \mu_{\text{黑}} \bigcup \mu_{\text{黑}}^c$, 即 $\Theta \neq A \bigcup A^c$, 所以无法得到 $\mathrm{Pos}\{A\} \leqslant 1$.

在这个结论中错误地将经典集合中 A 与 A^c 的并集等于全集的思想应用到证明分析中, 得到了错误的结论. 其实, 这个错误的根本的原因是用映射来定义模糊子集, 要更正此错误就要从模糊集合的定义入手.

3.4.2　可能性测度的三条公理

假设 Θ 为非空集合, $p(\Theta)$ 表示 Θ 的幂集. 可能性测度的三条公理列举如下.

公理 1　$\mathrm{Pos}\{\Theta\} = 1$.

公理 2　$\mathrm{Pos}\{\varnothing\} = 0$.

公理 3　对于 $p(\Theta)$ 中任意集族 $\{A_i\}$, 有 $\mathrm{Pos}\left\{\bigcup\limits_i A_i\right\} = \sup\limits_i \mathrm{Pos}\{A_i\}$.

定义 3.4.3　设 Θ 为非空集合, $p(\Theta)$ 是 Θ 的幂集. 如果 Pos 满足三条公理, 则称为可能性测度.

定义 3.4.4　设 Θ 为非空集合, $p(\Theta)$ 是 Θ 的幂集. 如果 Pos 是可能性测度, 则三元组 $(\Theta, p(\Theta), \mathrm{Pos})$ 称为可能性空间.

为了方便, 本节以一个简单的实例和文献 $[8]^{26}$ 的 s-范数的其中一个范数的直和的定义来分析可能性测度的三条公理.

$$\text{直和:}\quad s_{ds}(a,b) = \begin{cases} a, & b = 0, \\ b, & a = 0, \\ 1, & \text{其他.} \end{cases}$$

设论域 $U = \{a,b,c\}$, 记 $\Theta = U, p(\Theta)$ 中的任意两个集组成的集族记为 $\{A_i\}, i = 1,2$, 假设两个模糊子集 $A_1 = \{0.1/a + 0.1/b + 0.1/c\}, A_2 = \{0.2/a + 0.2/b + 0.2/c\}$, 则:

(1) 由于 $U = \Theta = 1/a + 1/b + 1/c$, 所以 $\mathrm{Pos}\{\Theta\} = \max\{1,1,1\} = 1$;

(2) 由于 $\varnothing = 0/a + 0/b + 0/c$, 所以 $\mathrm{Pos}\{\varnothing\} = \max\{0,0,0\} = 0$;

(3) 再来看公理 3. 公理 3 的左边, $\mathrm{Pos}\{\bigcup_i A_i\} = \mathrm{Pos}\{A_1 \bigcup A_2\}$, 按照 s-范数中直和的定义, $A_1 \bigcup A_2 = \dfrac{s_{ds}(0.1,0.2)}{a} + \dfrac{s_{ds}(0.1,0.2)}{b} + \dfrac{s_{ds}(0.1,0.2)}{c} = \dfrac{1}{a} + \dfrac{1}{b} + \dfrac{1}{c}$, 所以 $\mathrm{Pos}\{A_1 \bigcup A_2\} = \max\{1,1,1\} = 1$. 因此, 公理 3 的左边, $\mathrm{Pos}\{\bigcup_i A_i\} = \mathrm{Pos}\{A_1 \bigcup A_2\} = 1$.

又因为 $\mathrm{Pos}\{A_1\} = \max\{0.1,0.1,0.1\} = 0.1, \mathrm{Pos}\{A_2\} = \max\{0.2,0.2,0.2\} = 0.2$, 所以公理 3 的右边, $\sup_i \mathrm{Pos}\{A_i\} = \max\{\mathrm{Pos}\{A_1\}, \mathrm{Pos}\{A_2\}\} = \max\{0.1,0.2\} = 0.2$.

因此按照给出的 s-范数得到: $\mathrm{Pos}\{A_1 \bigcup A_2\} \neq \max\{\mathrm{Pos}\{A_1\}, \mathrm{Pos}\{A_2\}\}$, 即公理 3 不成立.

从一个简单的实例得出: 作为模糊理论的公理 3 是不成立的. 既然按照 L. A. Zadeh 的直观意义下的可能性测度公理 3 是不成立的, 又如何作为可能性测度的公理呢?

自 L.A.Zadeh(1978) 以来, 关于可能性理论的研究很多. 对可能性理论的处理有两种方法: 其一是由 L.A.Zadeh 于 1978 年提出来的, 是将可能性理论作为模糊集理论的一个扩展而引入的; 其二是 Klir 和 Folger 于 1988 年以及其他的一些学者在 Dempster-Shafer 证据理论框架中提出来的, 是将可能性理论建立在公理的基础上, 有助于对可能性理论进行深入的研究.

对于处理可能性理论的一种方法是将可能性理论作为模糊集理论的一个扩展, 在前面的分析中指出 L.A.Zadeh 不适当地将模糊集定义为映射, 既然模糊集的定义有误, 那么可能性理论也一定会存在错误. 对于处理可能性理论的另一种方法是将可能性理论建立在公理的基础上, 在上面的分析中指出公理 3 是不成立的, 是不该作为公理也不能作为公理的, 在公理上存在问题, 那么可能性理论也一定会存在问题, 因此没有必要来研究可能性测度.

3.4.3　可信性测度与概率测度的不平行性

首先介绍两个定义.

定义 3.4.5　假设 $(\Theta, p(\Theta), \mathrm{Pos})$ 是可能性空间, A 是幂集 $p(\Theta)$ 中的一个元素, 则称 $\mathrm{Nec}\{A\} = 1 - \mathrm{Pos}\{A^c\}$ 为事件 A 的必要性测度.

定义 3.4.6　设 $(\Theta, p(\Theta), \mathrm{Pos})$ 是可能性空间, 集合 A 是幂集 $p(\Theta)$ 中的一个元素, 则称 $\mathrm{Cr}\{A\} = \dfrac{1}{2}(\mathrm{Pos}\{A\} + \mathrm{Nec}\{A\})$ 为事件 A 的可信性测度.

在模糊理论中, 一个模糊事件的可信性定义为可能性和必要性的平均值. 可信性测度扮演了类似概率测度的角色. 但是事实上通过分析与证明, 我们得到了这样的结论: 当论域 U 中的元素个数为大于 1 的奇数时, 论域 U 中的任一真子集 (非 $\varnothing$ 和非 U), 即每个事件的可信性测度都不等于此事件的古典型概率测度. 现在以论域 $U = \{a, b, c\}, U$ 中的真子集 $A = \{a, b\}, B = \{a\}$ 为例给出说明.

在经典集合中, $A^c = \{c\}, B^c = \{b, c\}$. 按照模糊集理论, $A = 1/a + 1/b + 0/c, A^c = 0/a + 0/b + 1/c, B = 1/a + 0/b + 0/c, B^c = 0/a + 1/b + 1/c$, 则有

$$\mathrm{Pos}\{A\} = \max\{1, 1, 0\} = 1, \quad \mathrm{Pos}\{A^c\} = \max\{0, 0, 1\} = 1$$

$$\text{Pos}\{B\} = \max\{1, 0, 0\} = 1$$

$\text{Pos}\{B^c\} = \max\{0, 1, 1\} = 1$, 所以, $\text{Nec}\{A\} = 1 - 1 = 0, \text{Nec}\{B\} = 1 - 1 = 0$, 于是得到 $\text{Cr}\{A\} = \dfrac{1}{2}(1 + 0) = \dfrac{1}{2}, \text{Cr}\{B\} = \dfrac{1}{2}(1 + 0) = \dfrac{1}{2}$.

按照古典概型知识, 事件 A 的概率测度为: $p(A) = \dfrac{2}{3}, p(B) = \dfrac{1}{3}$.

通过计算这两个真子集的可信性测度和古典概率测度得到: 论域 U 中的元素个数为大于 1 的奇数时, 论域 U 中的任一真子集, 即每个事件的可信性测度都不等于此事件的古典型概率测度, 而且无论真子集里有几个元素, 可能性测度始终为 1, 可信性测度始终为 $\dfrac{1}{2}$, 事实上古典概率会因真子集中元素个数的不同而不同.

模糊集合是经典集合的一个推广, 可信性测度与概率测度在数值上应是一致的, 然而通过分析, 可以得到可信性测度与概率测度是不平行的, 如何能说可信性测度扮演了概率测度的角色? 因此, 研究可能性测度和可信性测度是没有价值, 也没有意义的.

第 4 章   清晰数的概念

为研究实际应用, 我们先建立清晰数及其加、减、乘、除四则运算.

4.1   清晰数的定义

例 4.1.1   现有三组专家, 第一组由 a_1, a_2, a_3 三人组成, 记作集合 $\mu_2 = \{a_1, a_2, a_3\}$, 第二组由 b_1, b_2, b_3, b_4 四人组成, 记作集合 $\mu_3 = \{b_1, b_2, b_3, b_4\}$, 第三组由 c_1, c_2 两人组成, 记作集合 $\mu_4 = \{c_1, c_2\}$. 现让这三组专家对某商品估价, μ_2 估为 2, 具体赞成为 2 者集合 $\Delta\mu_2 = \{a_1, a_2\}$. a_3 无表态. μ_3 估为 3, 具体赞成者为 3 者集合 $\Delta\mu_3 = \{b_1, b_3\}$. b_2, b_4 无表态. μ_4 估为 4, 具体赞成者为 4 者集合 $\Delta\mu_4 = \{c_2\}$. c_1 无表态. 当论域 $U = \{\mu_2, \mu_3, \mu_4\}$ 时, 其 U 的清晰子集

$$\underline{A} = \{\Delta\mu_2, \Delta\mu_3, \Delta\mu_4\}$$

的隶属函数

$$\underline{A}(x) = \begin{cases} \dfrac{|\Delta\mu_2|}{|\mu_2|} = \dfrac{2}{3}, & x = \mu_2 \\[2mm] \dfrac{|\Delta\mu_3|}{|\mu_3|} = \dfrac{2}{4}, & x = \mu_3 \\[2mm] \dfrac{|\Delta\mu_4|}{|\mu_4|} = \dfrac{|\{c_2\}|}{|\{c_1, c_2\}|} = \dfrac{1}{2}, & x = \mu_4 \end{cases}$$

当 μ_2, μ_3, μ_4 用它的估值 2, 3, 4 代替时得

$$\underline{A}(x) \begin{cases} \dfrac{2}{3}, & x = 2 \\[2mm] \dfrac{2}{4}, & x = 3 \\[2mm] \dfrac{1}{2}, & x = 4 \end{cases}$$

可以看成定义域为 $\{2,3,4\} \subseteq \mathbf{R}$ 取值在 $\left\{\dfrac{2}{3}, \dfrac{2}{4}, \dfrac{1}{2}\right\} \subseteq [0,1]$ 的函数, 此函数 $\underline{A}(x)$ 称为三阶清晰数. 三阶的 "三" 意思就是三个专家组.

例 4.1.2 现有两组专家, 第一组由 a_1, a_2 两人组成, 记作集合 $\mu_4 = \{a_1, a_2\}$, 第二组由 b_1, b_2, b_3 三人组成, 记作集合 $\mu_4' = \{b_1, b_2, b_3\}$. 现让这两组专家对某商品估价, μ_4 估为 4, 具体赞成者的集合 $\Delta\mu_4 = \{a_1\}$, a_2 无表态. μ_4' 估为 4, 具体赞成者为 $\Delta\mu_4' = \{b_2, b_3\}$, b_1 无表态, 当论域 $U = \{\mu_4, \mu_4'\}$ 时, 其 U 的清晰子集 $\underline{A} = \{\Delta\mu_4, \Delta\mu_4'\}$ 的隶属函数

$$\underline{A}(x) = \begin{cases} \dfrac{|\Delta\mu_4|}{|\mu_4|} = \dfrac{1}{2}, & x = \mu_4 \\[3mm] \dfrac{|\Delta\mu_4'|}{|\mu_4'|} = \dfrac{2}{3}, & x = \mu_4' \end{cases}$$

当 μ_4, μ_4' 用其估值 4, 4 代替时, 得

$$\underline{A}(x) = \begin{cases} \dfrac{1}{2}, & x = 4 \\[3mm] \dfrac{2}{3}, & x = 4 \end{cases}$$

可以看成定义域为 $\{4,4\} \subseteq \mathbf{R}$ 取值在 $\left\{\dfrac{1}{2}, \dfrac{2}{3}\right\} \subseteq [0,1]$ 的函数. 此函数 $\underline{A}(x)$ 称为二阶清晰数. 二阶的 "二" 的意思就是两个专家组. 在这个例子中要注意作为自变量 x 在定义域 $\{4,4\} \subseteq \mathbf{R}$ 中取两次相同的值 4 是指两个专家组的估价值都为 4.

一般地, 有如下定义.

定义 4.1.1 现有 n 个有限个元素组成集合 $\mu_{\alpha_1}, \mu_{\alpha_2}, \cdots, \mu_{\alpha_n}$, 其中 $\alpha_i \in \mathbf{R}(1, 2, \cdots, n)$, 论域 $U = \{u_{\alpha_1}, u_{\alpha_2}, \cdots, u_{\alpha_n}\}$ 的清晰子集 $\underline{A} = \{\Delta\mu_{\alpha_1}, \Delta\mu_{\alpha_2}, \cdots, \Delta\mu_{\alpha_n}\}$ 的隶属函数 α_n

$$\underline{A}(x) = \begin{cases} \dfrac{|\Delta\mu_{\alpha_1}|}{|\mu_{\alpha_1}|}, & x = \mu_{\alpha_1} \\[2mm] \dfrac{|\Delta\mu_{\alpha_2}|}{|\mu_{\alpha_2}|}, & x = \mu_{\alpha_2} \\[2mm] \cdots\cdots \\[2mm] \dfrac{|\Delta\mu_{\alpha_n}|}{|\mu_{\alpha_n}|}, & x = \mu_{\alpha_n} \end{cases}$$

当 $\mu_{\alpha_1}, \mu_{\alpha_2}, \cdots, \mu_{\alpha_n}$ 相应地用 $\alpha_1, \alpha_2, \cdots, \alpha_n$ 代替时, 得

$$\underline{A}(x) = \begin{cases} \dfrac{|\Delta\mu_{\alpha_1}|}{|\mu_{\alpha_1}|}, & x = \alpha_1 \\[2mm] \dfrac{|\Delta\mu_{\alpha_2}|}{|\mu_{\alpha_2}|}, & x = \alpha_2 \\[2mm] \cdots\cdots \\[2mm] \dfrac{|\Delta\mu_{\alpha_n}|}{|\mu_{\alpha_n}|}, & x = \alpha_n \end{cases}$$

可以看成定义域为 $\{\alpha_1, \alpha_2, \cdots, \alpha_n\} \subset \mathbf{R}$ 取值在 $\left\{\dfrac{|\Delta\mu_{\alpha_1}|}{|\mu_{\alpha_1}|}, \dfrac{|\Delta\mu_{\alpha_2}|}{|\mu_{\alpha_2}|}, \cdots, \right.$ $\left. \dfrac{|\Delta\mu_{\alpha_n}|}{|\mu_{\alpha_n}|}\right\} \subset [0, 1]$ 的函数. 此函数称为 n 阶清晰数.

注意到 $\underline{A}(x_i) = \dfrac{|\Delta\mu_\alpha|}{|\mu_\alpha|}$, 就会理解在运算中为什么会出现 $x_i = x_j (i \neq j)$ 的现实背景.

清晰数还可以定义如下.

定义 4.1.2 对于任意的实数 α, 对应地有一个有限元素的经典集合 $\mu_\alpha = \{a_1, a_2, \cdots, a_{n_a}\}$, 其子集 $\Delta\mu_\alpha = \{a_{i_1}, a_{i_2}, \cdots, a_{i_k}\}$, 其中 $a_{i_j} \in \mu_\alpha$ 且 $i_j \neq i_t (j = 1, 2, \cdots, k, t = 1, 2, \cdots, k)$ 时, $a_{i_j} \neq a_{i_t}$, 则论域 $U = \{\mu_\alpha | \alpha \in \mathbf{R}\}$ 的清晰子集 $\underline{A} = \{\Delta\mu_\alpha | \alpha \in \mathbf{R}\}$ 的量化法取概率量化值

$$P(\Delta\mu_\alpha) = \frac{|\Delta\mu_\alpha|}{|\mu_\alpha|}$$

其中 $|\Delta\mu_\alpha|, |\mu_\alpha|$ 表示其集合元素的个数时, 我们得定义域为 U, 取值在 $[0, 1]$ 的函数, 当把 μ_α 用 α 表示的时候便得一个定义域为实数集 $\mathbf{R}$, 取值在

[0, 1] 的函数, 此函数记为 $\underline{A}(x)$, 被称为清晰数. 当 $\underline{A}(x)$ 的值仅有有限个为非零值时, 则 $\underline{A}(x)$ 为清晰数, 这时

$$\underline{A}(x) = \begin{cases} \underline{A}(x_1), & x = x_1 \\ \underline{A}(x_2), & x = x_2 \\ \cdots\cdots \\ \underline{A}(x_n), & x = x_n \\ 0, & x\overline{\in}\{x_1, x_2, \cdots, x_n\} \text{且} x \in \mathbf{R} \end{cases}$$

其中, n 称为 $\underline{A}(x)$ 的阶数, 也说 $\underline{A}(x)$ 是 n 阶清晰数, $\underline{A}(x_i)$ 称为 x_i 的隶属度 $(i = 1, 2, \cdots, n)$, 而 $\sum\limits_{i=1}^{n} \underline{A}(x_i)$ 称为 $\underline{A}(x)$ 的隶属度, 特别指出 $0 \leqslant \underline{A}(x_i) \leqslant 1$, 而 $0 \leqslant \sum\limits_{i=1}^{n} \underline{A}(x_i) < +\infty$, 当 $n = 1$ 时,

$$\underline{A}(x) = \begin{cases} \underline{A}(x_1), & x = x_1 \\ 0, & x\overline{\in}\{x_1\} \text{且} x \in \mathbf{R} \end{cases}$$

是一阶清晰数. 特别地, 当

$$\underline{A}(x) = \begin{cases} \underline{A}(x_1) = 1, & x = x_1 \\ 0, & x\overline{\in}\{x_1\} \text{且} x \in \mathbf{R} \end{cases}$$

时, 清晰数 $\underline{A}(x)$ 就用实数 x_1 表示, 从而可以看出清晰数是实数的推广, 实数是清晰数的特例.

定义 4.1.1 与定义 4.1.2 是等价的. 只不过定义 4.1.2 抽象一些.

例 4.1.3 设某水库某年可供农田灌溉的水量, 让两组专家估定, 专家组 $\mu_{15} = \{a_1, a_2, a_3\}$ 估为 15 个单位, 其中两人表示赞成, 一人没表态, 赞成者具体构成集合 $\Delta\mu_{15} = \{a_1, a_2\}$, 专家组 $\mu_{17} = \{b_1, b_2, b_3, b_4\}$ 估为 17 个单位, 其中三人表示赞成, 一人没表态, 赞成者具体构成集合为 $\Delta\mu_{17} = \{b_1, b_2, b_4\}$, 于是得论域 (定义域)

$$U = \{\mu_\alpha | \alpha \in \mathbf{R}\}$$

其中 $\mu_\alpha = 0, \alpha \overline{\in} \{15,17\}$. 取值在 $[0,1]$ 的函数, 当 μ_α 以 α 表示时, 则得函数

$$\underline{A}(x) = \begin{cases} \dfrac{2}{3} = \dfrac{|\{a_1,a_2\}|}{|\{a_1,a_2,a_3\}|}, & x = 15 \\[3mm] \dfrac{3}{4} = \dfrac{|\{b_1,b_2,b_4\}|}{|\{b_1,b_2,b_3,b_4\}|}, & x = 17 \\[3mm] 0, & x \overline{\in} \{15,17\} 且 x \in \mathbf{R} \end{cases}$$

$\underline{A}(x)$ 即是一个清晰数, 且为清晰数. 在这里当 $|\mu_\alpha| = 0$ 时, $\dfrac{|\Delta\mu_\alpha|}{|\mu_\alpha|} = 0$ 是个设定.

清晰数与实数的关系: 由清晰数的定义可知, 任一实数 a, 都有唯一一个清晰数与其对应, 即

$$\underline{A}(x) = a = \begin{cases} 1, & x = a \\[2mm] 0, & x \overline{\in} \{a\} 且 x \in \mathbf{R} \end{cases}$$

它与实数 a 是一一对应的, 是实数 a 的又一种表示形式.

由清晰数的运算可知, 其和实数的运算定义和性质是保持一致的. 因此, 清晰数是实数的推广, 实数是清晰数的特例.

4.2 清晰数的加法运算及性质

4.2.1 清晰数的加法运算

对实数来说, 人们愿意使用, 其主要原因之一是它有运算, 为了便于应用清晰数也应有运算, 为此, 以最简单的实例来探讨加法运算.

例 4.2.1 设有两水库 A 和 B, 专家组 $\mu_{15} = \{a_1,a_2,a_3\}$ 估计 A 水库的存水量为 15 个单位, 其中两人赞成, 一人没表态, 赞成者组成的集合为 $\Delta\mu_{15} = \{a_1,a_2\}$, 而专家组 $\mu_{17} = \{b_1,b_2,b_3,b_4\}$, 估计 B 水库存水量为 17 个单位, 其中三人赞成, 一人没表态, 赞成者组成的集合为 $\Delta\mu_{17} = \{b_1,b_2,b_3\}$, 那么要问根据专家意见两个水库共存水量如何?

关于这个问题即清晰数的加法运算问题, 显然会想到共存水量为 15+17=32, 但这个 32 的隶属度是多少? 而 $\mu_{32} =?$ $\Delta\mu_{32} =?$ $P(\Delta\mu_{32}) =?$ 首先, μ_{32} 一定和 μ_{15}, μ_{17} 有关, 因此令

$$\mu_{32} = \mu_{15} \times \mu_{17} = \{(a_1,b_1),(a_1,b_2),(a_1,b_3),(a_1,b_4),(a_2,b_1),(a_2,b_2),$$
$$(a_2,b_3),(a_2,b_4),(a_3,b_1),(a_3,b_2),(a_3,b_3),(a_3,b_4)\}$$

这是一个原两个专家组中的专家组成的序对 $(a_i,b_j)(1 \leqslant i \leqslant 3, 1 \leqslant j \leqslant 4)$, 其中序对个数满足 $|\mu_{32}| = |\mu_{15}||\mu_{17}|$, 这些序对会赞成 32? 只有当 $a_i \in \Delta\mu_{15}, b_j \in \Delta\mu_{17}$ 时才行, 于是

$$\Delta\mu_{32} = \{(a_i,b_j)|a_i \in \Delta\mu_{15}, b_j \in \Delta\mu_{17}\}$$

从而 $|\Delta\mu_{32}| = |\Delta\mu_{15}||\Delta\mu_{17}|$, 故得

$$P(\Delta\mu_{32}) = \frac{|\Delta\mu_{32}|}{|\mu_{32}|} = \frac{|\Delta\mu_{15}||\Delta\mu_{17}|}{|\mu_{15}||\mu_{17}|}$$
$$= \frac{|\Delta\mu_{15}|}{|\mu_{15}|} \cdot \frac{|\Delta\mu_{17}|}{|\mu_{17}|} = \frac{2}{3} \times \frac{3}{4} = \frac{6}{12}$$

即 A 与 B 两个水库存水量之和为

$$\underline{A}(x) = \begin{cases} \dfrac{2}{3}, & x = 15 \\ 0, & x\overline{\in}\{15\}且x \in \mathbf{R} \end{cases}$$

与

$$\underline{B}(x) = \begin{cases} \dfrac{3}{4}, & x = 17 \\ 0, & x\overline{\in}\{17\}且x \in \mathbf{R} \end{cases}$$

之和:

$$\underline{C}(x) + \underline{A}(x) + \underline{B}(x) = \begin{cases} \dfrac{6}{12} = \dfrac{2}{3} \times \dfrac{3}{4}, & x = 32 \\ 0, & x\overline{\in}\{32\}且x \in \mathbf{R} \end{cases}$$

从这简单的事例中, 可以看到不但能够找出 μ_{32}, $\Delta\mu_{32}$, 还可以找出关系 $P(\Delta\mu_{32}) = P(\Delta\mu_{15}) \times P(\Delta\mu_{17})$. 由此可给出清晰数的加法运算.

定义 4.2.1 设清晰数

$$
\underline{A}(x) = \begin{cases} \underline{A}(x_1), & x = x_1 \\ \underline{A}(x_2), & x = x_2 \\ \cdots\cdots \\ \underline{A}(x_n), & x = x_n \\ 0, & x\overline{\in}\{x_1, x_2, \cdots, x_n\} \text{且} x \in \mathbf{R} \end{cases}
$$

$$
\underline{B}(x) = \begin{cases} \underline{B}(y_1), & x = y_1 \\ \underline{B}(y_2), & x = y_2 \\ \cdots\cdots \\ \underline{B}(y_m), & x = y_m \\ 0, & x\overline{\in}\{y_1, y_2, \cdots, y_m\} \text{且} x \in \mathbf{R} \end{cases}
$$

表 4.1 称为 $\underline{A}(x)$ 与 $\underline{B}(x)$ 的可能值带边和矩阵, 实数列 $x_1, x_2, \cdots, x_n$ 和 $y_1, y_2, \cdots, y_m$ 分别称为 $\underline{A}(x)$ 和 $\underline{B}(x)$ 的可能值序列, 且分别称为带边和矩阵的纵边和横边, 互相垂直的两条直线分别称为带边和矩阵的纵轴和横轴.

表 4.1 可能值带边和矩阵

x_1	$x_1 + y_1$	$x_1 + y_2$	$\cdots$	$x_1 + y_j$	$\cdots$	$x_1 + y_m$
x_2	$x_2 + y_1$	$x_2 + y_2$	$\cdots$	$x_2 + y_j$	$\cdots$	$x_2 + y_m$
$\vdots$	$\vdots$	$\vdots$		$\vdots$		$\vdots$
x_i	$x_i + y_1$	$x_i + y_2$	$\cdots$	$x_i + y_j$	$\cdots$	$x_i + y_m$
$\vdots$	$\vdots$	$\vdots$		$\vdots$		$\vdots$
x_n	$x_n + y_1$	$x_n + y_2$	$\cdots$	$x_n + y_j$	$\cdots$	$x_n + y_m$
$+$	y_1	y_2	$\cdots$	y_j	$\cdots$	y_m

定义 4.2.2 表 4.2 称为 $\underline{A}(x)$ 与 $\underline{B}(x)$ 的隶属度带边积矩阵. $\underline{A}(x_1)$,

$\underline{A}(x_2), \cdots, \underline{A}(x_n)$ 和 $\underline{B}(y_1), \underline{B}(y_2), \cdots, \underline{B}(y_m)$ 分别称为 $\underline{A}(x)$ 和 $\underline{B}(x)$ 的隶属度序列, 且分别称为隶属度带边积矩阵的纵边和横边, 互相垂直的两条直线分别称为带边积矩阵的纵轴和横轴.

表 4.2 隶属度带边积矩阵

$\underline{A}(x_1)$	$\underline{A}(x_1)\underline{B}(y_1)$	$\underline{A}(x_1)\underline{B}(y_2)$	$\cdots$	$\underline{A}(x_1)\underline{B}(y_j)$	$\cdots$	$\underline{A}(x_1)\underline{B}(y_m)$
$\underline{A}(x_2)$	$\underline{A}(x_2)\underline{B}(y_1)$	$\underline{A}(x_2)\underline{B}(y_2)$	$\cdots$	$\underline{A}(x_2)\underline{B}(y_j)$	$\cdots$	$\underline{A}(x_2)\underline{B}(y_m)$
$\vdots$	$\vdots$	$\vdots$		$\vdots$		$\vdots$
$\underline{A}(x_i)$	$\underline{A}(x_i)\underline{B}(y_1)$	$\underline{A}(x_i)\underline{B}(y_2)$	$\cdots$	$\underline{A}(x_i)\underline{B}(y_j)$	$\cdots$	$\underline{A}(x_i)\underline{B}(y_m)$
$\vdots$	$\vdots$	$\vdots$		$\vdots$		$\vdots$
$\underline{A}(x_n)$	$\underline{A}(x_n)\underline{B}(y_1)$	$\underline{A}(x_n)\underline{B}(y_2)$	$\cdots$	$\underline{A}(x_n)\underline{B}(y_j)$	$\cdots$	$\underline{A}(x_n)\underline{B}(y_m)$
$\times$	$\underline{B}(y_1)$	$\underline{B}(y_2)$	$\cdots$	$\underline{B}(y_j)$	$\cdots$	$\underline{B}(y_m)$

定义 4.2.3 $\underline{A}(x)$ 与 $\underline{B}(x)$ 可能值带边和矩阵中右上方数字组成的矩阵

$$\begin{bmatrix} a_{11} & a_{12} & \cdots & a_{1m} \\ \vdots & \vdots & & \vdots \\ a_{i1} & a_{i2} & \cdots & a_{im} \\ \vdots & \vdots & & \vdots \\ a_{n1} & a_{n2} & \cdots & a_{nm} \end{bmatrix}$$

称为 $\underline{A}(x)$ 与 $\underline{B}(x)$ 的可能值和矩阵.

定义 4.2.4 $\underline{A}(x)$ 与 $\underline{B}(x)$ 隶属度带边积矩阵中右上方数字组成的矩阵

$$\begin{bmatrix} b_{11} & b_{12} & \cdots & b_{1m} \\ \vdots & \vdots & & \vdots \\ b_{i1} & b_{i2} & \cdots & b_{im} \\ \vdots & \vdots & & \vdots \\ b_{n1} & b_{n2} & \cdots & b_{nm} \end{bmatrix}$$

称为 $\underline{A}(x)$ 与 $\underline{B}(x)$ 的隶属度积矩阵.

定义 4.2.5　　$\underline{A}(x)$ 与 $\underline{B}(x)$ 可能值和矩阵中第 i 行第 j 列元素 a_{ij} 与它们隶属度积矩阵中第 i 行第 j 列元素 b_{ij} 称为相应元素.

定义 4.2.6　将 $\underline{A}(x)$ 与 $\underline{B}(x)$ 的可能值和矩阵中元素排成一列, $\bar{x}_1$, $\bar{x}_2, \cdots, \bar{x}_l, \underline{A}(x)$ 与 $\underline{B}(x)$ 隶属度积矩阵中 $\bar{x}_i(i = 1, 2, \cdots, l)$ 的相应元素排一列: $\underline{C}(\bar{x}_1), \underline{C}(\bar{x}_2), \cdots, \underline{C}(\bar{x}_l)$, 则称清晰数

$$\underline{C}(x) = \begin{cases} \underline{C}(\bar{x}_1), & x = \bar{x}_1 \\ \underline{C}(\bar{x}_2), & x = \bar{x}_2 \\ \cdots\cdots \\ \underline{C}(\bar{x}_l), & x = \bar{x}_l \\ 0, & x \overline{\in} \{\bar{x}_1, \bar{x}_2, \cdots, \bar{x}_l\} \text{且} x \in \mathbf{R} \end{cases}$$

为 $\underline{A}(x)$ 与 $\underline{B}(x)$ 之和, 记为 $\underline{C}(x) = \underline{A}(x) + \underline{B}(x)$.

例 4.2.2　设清晰数

$$\underline{A}(x) = \begin{cases} \dfrac{1}{3}, & x = 1 \\ \dfrac{1}{3}, & x = 2 \\ 0, & x \overline{\in} \{1, 2\} \text{且} x \in \mathbf{R} \end{cases}$$

$$\underline{B}(x) = \begin{cases} \dfrac{1}{6}, & x = -1 \\ \dfrac{2}{3}, & x = 1 \\ 0, & x \overline{\in} \{-1, 1\} \text{且} x \in \mathbf{R} \end{cases}$$

求 $\underline{A}(x) + \underline{B}(x)$.

解　$\underline{A}(x)$ 与 $\underline{B}(x)$ 的可能值带边和矩阵为

$$\begin{array}{c|cc} 1 & 0 & 2 \\ 2 & 1 & 3 \\ \hline + & -1 & 1 \end{array}$$

$\underline{A}(x)$ 与 $\underline{B}(x)$ 的隶属度带边积矩阵为

$$
\begin{array}{c|cc}
\dfrac{1}{3} & \dfrac{1}{18} & \dfrac{2}{9} \\
\dfrac{1}{3} & \dfrac{1}{18} & \dfrac{2}{9} \\
\hline
\times & \dfrac{1}{6} & \dfrac{2}{3}
\end{array}
$$

将 $\underline{A}(x)$ 与 $\underline{B}(x)$ 可能值带边和矩阵的元素排成一列:

$$0,\,1,\,2,\,3$$

将 $\underline{A}(x)$ 与 $\underline{B}(x)$ 的隶属度带边积矩阵中与其可能值和矩阵中 0, 1, 2, 3 的相应元素排成一列

$$\underline{C}(0)=\frac{1}{18},\quad \underline{C}(1)=\frac{1}{18},\quad \underline{C}(2)=\frac{2}{9},\quad \underline{C}(3)=\frac{2}{9}$$

所以, 可得

$$
\underline{C}(x)=\underline{A}(x)+\underline{B}(x)=
\begin{cases}
\dfrac{1}{18}, & x=0 \\
\dfrac{1}{18}, & x=1 \\
\dfrac{2}{9}, & x=2 \\
\dfrac{2}{9}, & x=3 \\
0, & x\overline{\in}\{0,1,2,3\}\text{且}x\in\mathbf{R}
\end{cases}
$$

4.2.2 清晰数加法的运算性质

清晰数的加法满足加法的交换律和结合律, 是实数的运算法则的推广.

性质 4.2.1 清晰数 $\underline{A}(x),\underline{B}(x)$ 的加法满足交换律, 即 $\underline{A}(x)+\underline{B}(x)=\underline{B}(x)+\underline{A}(x)$.

证明 设 $\underline{A}(x)$ 为 n 阶清晰数, $\underline{B}(x)$ 为 m 阶清晰数, 可以表示为

$$\underline{A}(x) = \begin{cases} \underline{A}(x_1), & x = x_1 \\ \underline{A}(x_2), & x = x_2 \\ \cdots\cdots \\ \underline{A}(x_n), & x = x_n \\ 0, & x\overline{\in}\{x_1, x_2, \cdots, x_n\}且x \in \mathbf{R} \end{cases}$$

$$\underline{B}(x) = \begin{cases} \underline{B}(y_1), & x = y_1 \\ \underline{B}(y_2), & x = y_2 \\ \cdots\cdots \\ \underline{B}(y_m), & x = y_m \\ 0, & x\overline{\in}\{y_1, y_2, \cdots, y_m\}且x \in \mathbf{R} \end{cases}$$

因为清晰数 $\underline{A}(x)$ 与 $\underline{B}(x)$ 的可能值带边和矩阵中的元素为 $x_i + y_j$, 且 $x_i + y_j$ 在 $\underline{A}(x)$ 与 $\underline{B}(x)$ 的隶属度带边积矩阵中的相应元素为 $A(x_i) \times B(y_j)(i = 1, 2, \cdots, n, j = 1, 2, \cdots, m)$.

因为清晰数 $\underline{B}(x)$ 与 $\underline{A}(x)$ 的可能值带边和矩阵中的元素为 $y_j + x_i$, 且 $y_j + x_i$ 在 $\underline{B}(x)$ 与 $\underline{A}(x)$ 的隶属度带边积矩阵中的相应元素为 $B(y_j) \times A(x_i)(i = 1, 2, \cdots, n, j = 1, 2, \cdots, m)$, 又因为

$$x_i + y_j = y_j + x_i, \quad A(x_i) \times B(y_j) = B(y_j) \times A(x_i)$$

所以由清晰数加法运算的定义得

$$\underline{A}(x) + \underline{B}(x) = \underline{B}(x) + \underline{A}(x)$$

性质 4.2.2　清晰数 $\underline{A}(x), \underline{B}(x), \underline{C}(x)$ 的加法满足结合律, 即

$$(\underline{A}(x) + \underline{B}(x)) + \underline{C}(x) = \underline{A}(x) + (\underline{B}(x) + \underline{C}(x))$$

证明　设 $\underline{A}(x)$ 为 n 阶清晰数, $\underline{B}(x)$ 为 m 阶清晰数, $\underline{C}(x)$ 为 k 阶清

晰数, 分别可以表示为

$$\underline{A}(x) = \begin{cases} \underline{A}(x_1), & x = x_1 \\ \underline{A}(x_2), & x = x_2 \\ \cdots\cdots \\ \underline{A}(x_n), & x = x_n \\ 0, & x \overline{\in} \{x_1, x_2, \cdots, x_n\} \text{且} x \in \mathbf{R} \end{cases}$$

$$\underline{B}(x) = \begin{cases} \underline{B}(y_1), & x = y_1 \\ \underline{B}(y_2), & x = y_2 \\ \cdots\cdots \\ \underline{B}(y_m), & x = y_m \\ 0, & x \overline{\in} \{y_1, y_2, \cdots, y_m\} \text{且} x \in \mathbf{R} \end{cases}$$

$$\underline{C}(x) = \begin{cases} \underline{C}(z_1), & x = z_1 \\ \underline{C}(z_2), & x = z_2 \\ \cdots\cdots \\ \underline{C}(z_k), & x = z_k \\ 0, & x \overline{\in} \{z_1, z_2, \cdots, z_k\} \text{且} x \in \mathbf{R} \end{cases}$$

因为清晰数 $\underline{A}(x)$ 与 $\underline{B}(x)$ 的可能值带边和矩阵中的元素为 $x_i + y_j$, 且 $x_i + y_j$ 在 $\underline{A}(x)$ 与 $\underline{B}(x)$ 的隶属度带边积矩阵中的相应元素为 $A(x_i) \times B(y_j)(i = 1, 2, \cdots, n, j = 1, 2, \cdots, m)$; $(\underline{A}(x) + \underline{B}(x))$ 与 $\underline{C}(x)$ 的可能值带边和矩阵中的元素为 $(x_i + y_j) + z_l$, 且 $(x_i + y_j) + z_l$ 在 $(\underline{A}(x) + \underline{B}(x))$ 与 $\underline{C}(x)$ 的隶属度带边积矩阵中的相应元素为 $A(x_i) \times B(y_j) \times C(z_l)(i = 1, 2, \cdots, n, j = 1, 2, \cdots, m, l = 1, 2, \cdots, k)$.

又因为清晰数 $\underline{B}(x)$ 与 $\underline{C}(x)$ 的可能值带边和矩阵中的元素为 $y_j + z_l$, 且 $y_j + z_l$ 在 $\underline{B}(x)$ 与 $\underline{C}(x)$ 的隶属度带边积矩阵中的相应元素为 $B(y_j) \times C(z_l)(i = 1, 2, \cdots, n, j = 1, 2, \cdots, m)$; $\underline{A}(x)$ 与 $(\underline{B}(x) + \underline{C}(x))$ 的可能值带

边和矩阵中的元素为 $x_i + (y_j + z_l)$, 且 $x_i + (y_j + z_l)$ 在 $\underline{A}(x)$ 与 $(\underline{B}(x) + \underline{C}(x))$ 的隶属度带边积矩阵中的相应元素为 $A(x_i) \times (B(y_j) \times C(z_l))(i = 1, 2, \cdots, n, j = 1, 2, \cdots, m, l = 1, 2, \cdots, k)$.

又

$$x_i + y_j + z_l = x_i + (y_j + z_l), \quad A(x_i) \times B(y_j) \times C(z_l) = A(x_i) \times (B(y_j) \times C(z_l))$$

所以由清晰数加法运算的定义得

$$(\underline{A}(x) + \underline{B}(x)) + \underline{C}(x) = \underline{A}(x) + (\underline{B}(x) + \underline{C}(x))$$

4.3　清晰数的减法及运算性质

4.3.1　清晰数的减法

例 4.3.1　某工厂生产一批产品并运往全国各地进行销售, 现请来专家组 $\mu_8 = \{a_1, a_2, a_3\}$ 对预期生产产品的数量进行评估, 估计应生产 8 万件产品, 其中两位专家表示赞成, 一位没有表态, 赞成者具体构成集 $\Delta\mu_8 = \{a_1, a_3\}$. 又请来专家组 $\mu_7 = \{b_1, b_2, b_3, b_4\}$ 对产品在同一段时期内的销售情况进行评估, 估计能售出 7 万件产品, 其中三位专家表示赞成, 一位没有表态, 赞成者具体构成集 $\Delta\mu_7 = \{b_1, b_2, b_3\}$, 请根据两组专家的意见分析该产品的库存情况如何?

这是一个关于清晰数的减法运算的问题, 估计生产产品 8 万件, 售出 7 万件, 那么工厂库存产品应为 $8 - 7 = 1$(万件), 但是由于专家表态不一致, 这个 1 的隶属度应该是多少呢? 同理, 这个 1 的 $\mu_1, \Delta\mu_1, P(\Delta\mu_1)$ 又分别是多少呢?

我们知道 μ_1 一定和 μ_8, μ_7 有关, 因此可以令

$$\begin{aligned} \mu_1 = \mu_8 \times \mu_7 = &\{(a_1, b_1), (a_1, b_2), (a_1, b_3), (a_1, b_4), (a_2, b_1), (a_2, b_2), \\ &(a_2, b_3), (a_2, b_4), (a_3, b_1), (a_3, b_2), (a_3, b_3), (a_3, b_4)\} \end{aligned}$$

这是原专家组 μ_8 和 μ_7 的专家所组成的一组序对 (a_i, b_j), 其中序对的个数满足关系 $|\mu_1| = |\mu_8||\mu_7|$, 我们可以把这些序对看成一个新的专家组, 而这个新的专家组对 1 的表态情况又会是怎样的呢? 显然, 只有当 $a_i \in \Delta\mu_8, b_j \in \Delta\mu_7$ 时才行, 于是

$$\Delta\mu_1 = \{(a_i b_j) | a_i \in \Delta\mu_8, b_j \in \Delta\mu_7\}$$

从而 $|\Delta\mu_1| = |\Delta\mu_8||\Delta\mu_7|$, 故得

$$\begin{aligned} P(\Delta\mu_1) &= \frac{|\Delta\mu_1|}{|\mu_1|} = \frac{|\Delta\mu_8||\Delta\mu_7|}{|\mu_8||\mu_7|} \\ &= \frac{|\Delta\mu_8|}{|\mu_8|} \cdot \frac{|\Delta\mu_7|}{|\mu_7|} = \frac{2}{3} \times \frac{3}{4} = \frac{6}{12} \end{aligned}$$

于是可得, 该工厂库存产品量应为

$$\underline{A}(x) = \begin{cases} \dfrac{2}{3}, & x = 8 \\ 0, & x \overline{\in} \{8\} \text{且} x \in \mathbf{R} \end{cases}$$

与

$$\underline{B}(x) = \begin{cases} \dfrac{3}{4}, & x = 7 \\ 0, & x \overline{\in} \{7\} \text{且} x \in \mathbf{R} \end{cases}$$

之差, 即

$$\underline{C}(x) = \underline{A}(x) - \underline{B}(x) = \begin{cases} \dfrac{6}{12} = \dfrac{2}{3} \times \dfrac{3}{4}, & x = 1 \\ 0, & x \overline{\in} \{1\} \text{且} x \in \mathbf{R} \end{cases}$$

显然, 从这个简单的事例中, 既可以找出 $\mu_1, \Delta\mu_1$, 又可以找出关系

$$P(\Delta\mu_1) = P(\Delta\mu_8) \times P(\Delta\mu_7).$$

由以上实例可以给出清晰数的减法运算的运算法则.

减法法则定义如下.

设清晰数

$$\underline{A}(x) = \begin{cases} \underline{A}(x_1), & x = x_1 \\ \underline{A}(x_2), & x = x_2 \\ \cdots\cdots \\ \underline{A}(x_n), & x = x_n \\ 0, & x\overline{\in}\{x_1, x_2, \cdots, x_n\}且x \in \mathbf{R} \end{cases}$$

$$\underline{B}(x) = \begin{cases} \underline{B}(y_1), & x = y_1 \\ \underline{B}(y_2), & x = y_2 \\ \cdots\cdots \\ \underline{B}(y_m), & x = y_m \\ 0, & x\overline{\in}\{y_1, y_2, \cdots, y_m\}且x \in \mathbf{R} \end{cases}$$

定义 4.3.1　表 4.3 称为 $\underline{A}(x)$ 与 $\underline{B}(x)$ 的可能值带边减矩阵, 实数列 $x_1, x_2, \cdots, x_n$ 和 $y_1, y_2, \cdots, y_m$ 分别称为 $\underline{A}(x)$ 和 $\underline{B}(x)$ 的可能值序列, 且分别称为带边减矩阵的纵边和横边, 互相垂直的两条直线分别称为带边减矩阵的纵轴和横轴.

表 4.3　可能值带边减矩阵

x_1	$x_1 - y_1$	$x_1 - y_2$	$\cdots$	$x_1 - y_j$	$\cdots$	$x_1 - y_m$
x_2	$x_2 - y_1$	$x_2 - y_2$	$\cdots$	$x_2 - y_j$	$\cdots$	$x_2 - y_m$
$\vdots$	$\vdots$	$\vdots$		$\vdots$		$\vdots$
x_i	$x_i - y_1$	$x_i - y_2$	$\cdots$	$x_i - y_j$	$\cdots$	$x_i - y_m$
$\vdots$	$\vdots$	$\vdots$		$\vdots$		$\vdots$
x_n	$x_n - y_1$	$x_n - y_2$	$\cdots$	$x_n - y_j$	$\cdots$	$x_n - y_m$
$-$	y_1	y_2	$\cdots$	y_j	$\cdots$	y_m

定义 4.3.2　表 4.4 称为 $\underline{A}(x)$ 与 $\underline{B}(x)$ 的隶属度带边积矩阵. $\underline{A}(x_1)$, $\underline{A}(x_2), \cdots, \underline{A}(x_n)$ 和 $\underline{B}(y_1), \underline{B}(y_2), \cdots, \underline{B}(y_m)$ 分别称为 $\underline{A}(x)$ 和 $\underline{B}(x)$ 的隶属度序列, 且分别称为隶属度带边积矩阵的纵边和横边, 互相垂直的两条

直线分别称为带边积矩阵的纵轴和横轴.

表 4.4　隶属度带边积矩阵

$\underline{A}(x_1)$	$\underline{A}(x_1)\underline{B}(y_1)$	$\underline{A}(x_1)\underline{B}(y_2)$	$\cdots$	$\underline{A}(x_1)\underline{B}(y_j)$	$\cdots$	$\underline{A}(x_1)\underline{B}(y_m)$
$\underline{A}(x_2)$	$\underline{A}(x_2)\underline{B}(y_1)$	$\underline{A}(x_2)\underline{B}(y_2)$	$\cdots$	$\underline{A}(x_2)\underline{B}(y_j)$	$\cdots$	$\underline{A}(x_2)\underline{B}(y_m)$
$\vdots$	$\vdots$	$\vdots$		$\vdots$		$\vdots$
$\underline{A}(x_i)$	$\underline{A}(x_i)\underline{B}(y_1)$	$\underline{A}(x_i)\underline{B}(y_2)$	$\cdots$	$\underline{A}(x_i)\underline{B}(y_j)$	$\cdots$	$\underline{A}(x_i)\underline{B}(y_m)$
$\vdots$	$\vdots$	$\vdots$		$\vdots$		$\vdots$
$\underline{A}(x_n)$	$\underline{A}(x_n)\underline{B}(y_1)$	$\underline{A}(x_n)\underline{B}(y_2)$	$\cdots$	$\underline{A}(x_n)\underline{B}(y_j)$	$\cdots$	$\underline{A}(x_n)\underline{B}(y_m)$
$\times$	$\underline{B}(y_1)$	$\underline{B}(y_2)$	$\cdots$	$\underline{B}(y_j)$	$\cdots$	$\underline{B}(y_m)$

定义 4.3.3　$\underline{A}(x)$ 与 $\underline{B}(x)$ 可能值带边减矩阵中右上方数字组成的矩阵

$$\begin{bmatrix} a_{11} & a_{12} & \cdots & a_{1m} \\ \vdots & \vdots & & \vdots \\ a_{i1} & a_{i2} & \cdots & a_{im} \\ \vdots & \vdots & & \vdots \\ a_{n1} & a_{n2} & \cdots & a_{nm} \end{bmatrix}$$

称为 $\underline{A}(x)$ 与 $\underline{B}(x)$ 的可能值减矩阵.

定义 4.3.4　$\underline{A}(x)$ 与 $\underline{B}(x)$ 隶属度带边积矩阵中右上方数字组成的矩阵

$$\begin{bmatrix} b_{11} & b_{12} & \cdots & b_{1m} \\ \vdots & \vdots & & \vdots \\ b_{i1} & b_{i2} & \cdots & b_{im} \\ \vdots & \vdots & & \vdots \\ b_{n1} & b_{n2} & \cdots & b_{nm} \end{bmatrix}$$

称为 $\underline{A}(x)$ 与 $\underline{B}(x)$ 的隶属度积矩阵.

定义 4.3.5　$\underline{A}(x)$ 与 $\underline{B}(x)$ 可能值减矩阵中第 i 行第 j 列元素 a_{ij} 与

它们的隶属度积矩阵中第 i 行第 j 列元素 b_{ij} 称为相应元素.

定义 4.3.6 将 $\underline{A}(x)$ 与 $\underline{B}(x)$ 的可能值减矩阵中元素排成一列, $\bar{x}_1$, $\bar{x}_2, \cdots, \bar{x}_l$, $\underline{A}(x)$ 与 $\underline{B}(x)$ 隶属度积矩阵中 $\bar{x}_i(i = 1, 2, \cdots, l)$ 的相应元素排成一列: $\underline{C}(\bar{x}_1), \underline{C}(\bar{x}_2), \cdots, \underline{C}(\bar{x}_l)$, 则称清晰数

$$
\underline{C}(x) = \begin{cases}
\underline{C}(\bar{x}_1), & x = \bar{x}_1 \\
\underline{C}(\bar{x}_2), & x = \bar{x}_2 \\
\cdots\cdots \\
\underline{C}(\bar{x}_l), & x = \bar{x}_l \\
0, & x\overline{\in}\{\bar{x}_1, \bar{x}_2, \cdots, \bar{x}_l\}且x \in \mathbf{R}
\end{cases}
$$

为 $\underline{A}(x)$ 与 $\underline{B}(x)$ 之差, 记作

$$
\underline{C}(x) = \underline{A}(x) - \underline{B}(x)
$$

例 4.3.2 设清晰数

$$
\underline{A}(x) = \begin{cases}
\dfrac{1}{3}, & x = 2 \\[2mm]
\dfrac{1}{3}, & x = 4 \\[2mm]
0, & x\overline{\in}\{2, 4\}且x \in \mathbf{R}
\end{cases}
$$

$$
\underline{B}(x) = \begin{cases}
\dfrac{1}{6}, & x = 2 \\[2mm]
\dfrac{2}{3}, & x = 3 \\[2mm]
0, & x\overline{\in}\{2, 3\}且x \in \mathbf{R}
\end{cases}
$$

求 $\underline{A}(x) - \underline{B}(x)$.

解 $\underline{A}(x)$ 与 $\underline{B}(x)$ 的可能值带边减矩阵为

2	0	-1
4	2	1
$-$	2	3

$\underline{A}(x)$ 与 $\underline{B}(x)$ 的隶属度带边积矩阵为

$$
\begin{array}{c|cc}
\dfrac{1}{3} & \dfrac{1}{18} & \dfrac{2}{9} \\[2mm]
\dfrac{1}{3} & \dfrac{1}{18} & \dfrac{2}{9} \\[2mm]
\hline
\times & \dfrac{1}{6} & \dfrac{2}{3}
\end{array}
$$

将 $\underline{A}(x)$ 与 $\underline{B}(x)$ 可能值减矩阵的元素排成一列:

$$-1,\ 0,\ 1,\ 2$$

将 $\underline{A}(x)$ 与 $\underline{B}(x)$ 的隶属度积矩阵中与其可能值减矩阵中 $-1,0,1,2$ 的相应元素排成一列

$$\underline{C}(-1)=\frac{2}{9},\quad \underline{C}(0)=\frac{1}{18},\quad \underline{C}(1)=\frac{2}{9},\quad \underline{C}(2)=\frac{1}{18}$$

所以,

$$
\underline{C}(x)=\underline{A}(x)-\underline{B}(x)=
\begin{cases}
\dfrac{2}{9}, & x=-1 \\[2mm]
\dfrac{1}{18}, & x=0 \\[2mm]
\dfrac{2}{9}, & x=1 \\[2mm]
\dfrac{1}{18}, & x=2 \\[2mm]
0, & x\overline{\in}\{-1,0,1,2\}\text{且}x\in\mathbf{R}
\end{cases}
$$

4.3.2 清晰数减法的运算性质

定义 4.3.7 已知 n 阶清晰数 $\underline{A}(x)$, 则称清晰数 $\underline{A}_{-}(x)$ 为清晰数 $\underline{A}(x)$ 的相反清晰数, 记作 $-\underline{A}(x)$, 其中 $\underline{A}(x)$ 和 $-\underline{A}(x)$ 分别可以表示为

$$
\underline{A}(x)=
\begin{cases}
\underline{A}(x_1), & x=x_1 \\
\underline{A}(x_2), & x=x_2 \\
\cdots\cdots \\
\underline{A}(x_n), & x=x_n \\
0, & x\overline{\in}\{x_1,x_2,\cdots,x_n\}\text{且}x\in\mathbf{R}
\end{cases}
$$

$$-\underline{A}(x) = \begin{cases} \underline{A}(x_1), & x = -x_1 \\ \underline{A}(x_2), & x = -x_2 \\ \cdots\cdots \\ \underline{A}(x_n), & x = -x_n \\ 0, & x\overline{\in}\{-x_1, -x_2, \cdots, -x_n\}且x \in \mathbf{R} \end{cases}$$

我们知道实数是清晰数的特例, 实数可以表示成清晰数的形式, 所以可以说相反清晰数是实数中相反数的推广, 实数中的相反数是相反清晰数的特例. 例如, 在实数范围内 -1 和 1 互为相反数, 在清晰数范围内, $\underline{A}(x)$ 和 $-\underline{A}(x)$ 互为相反清晰数.

定理 4.3.1 清晰数 $\underline{A}(x)$ 与 $\underline{B}(x)$ 的差等于清晰数 $\underline{A}(x)$ 加上清晰数 $\underline{B}(x)$ 的相反清晰数 $-\underline{B}(x)$, 即

$$\underline{A}(x) - \underline{B}(x) = \underline{A}(x) + (-\underline{B}(x))$$

证明 设 $\underline{A}(x)$ 为 n 阶清晰数, $\underline{B}(x)$ 为 m 阶清晰数, $-\underline{B}(x)$ 为 $\underline{B}(x)$ 的相反清晰数, 可以表示为

$$\underline{A}(x) = \begin{cases} \underline{A}(x_1), & x = x_1 \\ \underline{A}(x_2), & x = x_2 \\ \cdots\cdots \\ \underline{A}(x_n), & x = x_n \\ 0, & x\overline{\in}\{x_1, x_2, \cdots, x_n\}且x \in \mathbf{R} \end{cases}$$

$$\underline{B}(x) = \begin{cases} \underline{B}(y_1), & x = y_1 \\ \underline{B}(y_2), & x = y_2 \\ \cdots\cdots \\ \underline{B}(y_m), & x = y_m \\ 0, & x\overline{\in}\{y_1, y_2, \cdots, y_m\}且x \in \mathbf{R} \end{cases}$$

$$-\underline{B}(x) = \begin{cases} \underline{B}(y_1), & x = -y_1 \\ \underline{B}(y_2), & x = -y_2 \\ \cdots\cdots \\ \underline{B}(y_m), & x = -y_m \\ 0, & x\overline{\in}\{-y_1, -y_2, \cdots, -y_m\}且x \in \mathbf{R} \end{cases}$$

因为清晰数 $\underline{A}(x)$ 与 $\underline{B}(x)$ 的可能值减矩阵中的元素为 $x_i - y_j$, 且 $x_i - y_j$ 在 $\underline{A}(x)$ 与 $\underline{B}(x)$ 的隶属度积矩阵中的相应元素为 $A(x_i) \times B(y_j)(i = 1, 2, \cdots, n, j = 1, 2, \cdots, m)$; 又因为清晰数 $\underline{A}(x)$ 与 $-\underline{B}(x)$ 的可能值和矩阵中的元素为 $x_i + (-y_j)$, 且 $x_i + (-y_j)$ 在 $\underline{A}(x)$ 与 $-\underline{B}(x)$ 的隶属度积矩阵中的相应元素为 $A(x_i) \times B(y_j)(i = 1, 2, \cdots, n, j = 1, 2, \cdots, m)$. 又

$$x_i - y_j = x_i + (-y_j), \quad A(x_i) \times B(y_j) = A(x_i) \times B(y_j)$$

所以由清晰数加法和减法运算的定义得

$$\underline{A}(x) - \underline{B}(x) = \underline{A}(x) + (-\underline{B}(x))$$

说明 (1) 利用相反清晰数可以把清晰数的减法运算转化为清晰数的加法运算.

(2) 在实数范围内, 互为相反数的两个数之和为 0, 例如, $1+(-1) = 0$, 但在清晰数范围中, 互为相反清晰数的两个清晰数之和却不一定为实数 0. 即使是相等的两个清晰数的差也不一定是实数 0, 即 $\underline{A}(x) = \underline{B}(x)$ 不能推出 $\underline{A}(x) - \underline{B}(x) = 0$, 也说明清晰数的运算法则中一般不满足移项法则.

定理 4.3.2 清晰数 $\underline{A}(x), \underline{B}(x), \underline{C}(x)$ 的减法满足以下关系

$$\underline{A}(x) - \underline{B}(x) - \underline{C}(x) = \underline{A}(x) - (\underline{B}(x) + \underline{C}(x))$$

证明 设 $\underline{A}(x)$ 为 n 阶清晰数, $\underline{B}(x)$ 为 m 阶清晰数, $\underline{C}(x)$ 为 k 阶清

晰数, 分别可以表示为

$$A(x) = \begin{cases} \underline{A}(x_1), & x = x_1 \\ \underline{A}(x_2), & x = x_2 \\ \cdots\cdots \\ \underline{A}(x_n), & x = x_n \\ 0, & x\overline{\in}\{x_1, x_2, \cdots, x_n\}\text{且}x \in \mathbf{R} \end{cases}$$

$$B(x) = \begin{cases} \underline{B}(y_1), & x = y_1 \\ \underline{B}(y_2), & x = y_2 \\ \cdots\cdots \\ \underline{B}(y_m), & x = y_m \\ 0, & x\overline{\in}\{y_1, y_2, \cdots, y_m\}\text{且}x \in \mathbf{R} \end{cases}$$

$$C(x) = \begin{cases} \underline{C}(z_1), & x = z_1 \\ \underline{C}(z_2), & x = z_2 \\ \cdots\cdots \\ \underline{C}(z_k), & x = z_k \\ 0, & x\overline{\in}\{z_1, z_2, \cdots, z_k\}\text{且}x \in \mathbf{R} \end{cases}$$

因为清晰数 $\underline{A}(x)$ 与 $\underline{B}(x)$ 的可能值减矩阵中的元素为 $x_i - y_j$, 且 $x_i - y_j$ 在 $\underline{A}(x)$ 与 $\underline{B}(x)$ 的隶属度积矩阵中的相应元素为 $A(x_i) \times B(y_j)(i = 1, 2, \cdots, n, j = 1, 2, \cdots, m)$; $(\underline{A}(x) - \underline{B}(x))$ 与 $\underline{C}(x)$ 的可能值差矩阵中的元素为 $x_i - y_j - z_l$, 且 $x_i - y_j - z_l$ 在 $(\underline{A}(x) - \underline{B}(x))$ 与 $\underline{C}(x)$ 的隶属度积矩阵中的相应元素为 $A(x_i) \times B(y_j) \times C(z_l)(i = 1, 2, \cdots, n, j = 1, 2, \cdots, m, l = 1, 2, \cdots, k)$.

又因为清晰数 $\underline{B}(x)$ 与 $\underline{C}(x)$ 的可能值和矩阵中的元素为 $y_j + z_l$, 且 $y_j + z_l$ 在 $\underline{B}(x)$ 与 $\underline{C}(x)$ 的隶属度积矩阵中的相应元素为 $B(y_j) \times C(z_l)(j = 1, 2, \cdots, m, l = 1, 2, \cdots, k)$; $\underline{A}(x)$ 与 $(\underline{B}(x) + \underline{C}(x))$ 的可能值差矩阵中的元

素为 $x_i - (y_j + z_l)$, 且 $x_i - (y_j + z_l)$ 在 $\underline{A}(x)$ 与 $(\underline{B}(x) + \underline{C}(x))$ 的隶属度积矩阵中的相应元素为 $A(x_i) \times (B(y_j) \times C(z_l))(i = 1, 2, \cdots, n, j = 1, 2, \cdots, m, l = 1, 2, \cdots, k)$. 又

$$x_i - y_j - z_l = x_i - (y_j + z_l), \quad A(x_i) \times B(y_j) \times C(z_l) = A(x_i) \times (B(y_j) \times C(z_l))$$

所以由清晰数加法和减法运算的定义得

$$\underline{A}(x) - \underline{B}(x) - \underline{C}(x) = \underline{A}(x) - (\underline{B}(x) + \underline{C}(x))$$

4.4 清晰数的乘法及运算法则

4.4.1 清晰数的乘法

例 4.4.1 某市计划修建一个长方形体育场馆, 需要对其占地面积进行评估, 现请来两组专家分别对场馆的长和宽进行评估, 专家组 $\mu_{150} = \{a_1, a_2, a_3\}$ 估计场馆的宽度应为 150m, 其中两位专家表示赞成, 一位没有表态, 赞成者具体构成集 $\Delta\mu_{150} = \{a_1, a_3\}$, 专家组 $\mu_{200} = \{b_1, b_2, b_3, b_4\}$ 估计场馆的长度应为 200m, 其中三位专家表示赞成, 一位没有表态, 赞成者具体构成集 $\Delta\mu_{200} = \{b_1, b_2, b_3\}$, 请根据两组专家的意见, 分析一下该体育场馆的面积应该是多少?

这是一个关于清晰数的乘法运算的问题. 根据两个组专家的分析, 体育场馆的长度为 200m 宽度为 150m, 那么其面积应该为 $200 \times 150 = 30000(\text{m}^2)$, 但是由于专家表态不一致, 这个 30000 的隶属度应该是多少呢? 同理, 这个 30000 的 $\mu_{30000}, \Delta\mu_{30000}, P(\Delta\mu_{30000})$ 又分别是多少呢?

我们知道 μ_{30000} 一定和 μ_{150}, μ_{200} 有关, 因此可以令

$$\mu_{30000} = \mu_{150} \times \mu_{200} = \{(a_1, b_1), (a_1, b_2), (a_1, b_3), (a_1, b_4), (a_2, b_1), (a_2, b_2),$$
$$(a_2, b_3), (a_2, b_4), (a_3, b_1), (a_3, b_2), (a_3, b_3), (a_3, b_4)\}$$

这是原专家组 μ_{150} 和 μ_{200} 的专家所组成的一组序对 (a_i, b_j), 其中序对的个数满足关系 $|\mu_{30000}| = |\mu_{150}||\mu_{200}|$, 可以把这些序对看成一个新的专家组, 而这个新的专家组对 30000 的表态情况又会是怎样的呢? 显然, 只有当 $a_i \in \Delta\mu_{150}, b_j = \Delta\mu_{200}$ 时才行, 于是

$$\Delta\mu_{30000} = \{(a_i, b_j) | a_i \in \Delta\mu_{150}, b_j \in \Delta\mu_{200}\}$$

从而 $|\Delta\mu_{30000}| = |\Delta\mu_{150}||\Delta\mu_{200}|$, 故得

$$\begin{aligned} P(\Delta\mu_{30000}) &= \frac{|\Delta\mu_{30000}|}{|\mu_{30000}|} = \frac{|\Delta\mu_{150}||\Delta\mu_{200}|}{|\mu_{150}||\mu_{200}|} \\ &= \frac{|\Delta\mu_{150}|}{|\mu_{150}|} \cdot \frac{|\Delta\mu_{200}|}{|\mu_{200}|} = \frac{2}{3} \times \frac{3}{4} = \frac{6}{12} \end{aligned}$$

于是可得, 该长方形体育场馆的占地面积应为

$$\underline{A}(x) = \begin{cases} \dfrac{2}{3}, & x = 150 \\ \\ 0, & x\overline{\in}\{150\}\text{且}x \in \mathbf{R} \end{cases}$$

与

$$\underline{B}(x) = \begin{cases} \dfrac{3}{4}, & x = 200 \\ \\ 0, & x\overline{\in}\{200\}\text{且}x \in \mathbf{R} \end{cases}$$

之积, 即

$$\underline{C}(x) = \underline{A}(x) \times \underline{B}(x)$$

$$= \begin{cases} \dfrac{6}{12} = \dfrac{2}{3} \times \dfrac{3}{4}, & x = 30000 \\ 0, & x\overline{\in}\{30000\}\text{且}x \in \mathbf{R} \end{cases}$$

显然, 从这个简单的事例中, 既可以找出 $\mu_{30000}, \Delta\mu_{30000}$, 又可以找出关系 $P(\Delta\mu_{30000}) = P(\Delta\mu_{150}) \times P(\Delta\mu_{200})$.

由以上实例可以给出清晰数的乘法运算.

设清晰数

$$\underline{A}(x) = \begin{cases} \underline{A}(x_1), & x = x_1 \\ \underline{A}(x_2), & x = x_2 \\ \cdots\cdots \\ \underline{A}(x_n), & x = x_n \\ 0, & x\overline{\in}\{x_1, x_2, \cdots, x_n\}且 x \in \mathbf{R} \end{cases}$$

$$\underline{B}(x) = \begin{cases} \underline{B}(y_1), & x = y_1 \\ \underline{B}(y_2), & x = y_2 \\ \cdots\cdots \\ \underline{B}(y_m), & x = y_m \\ 0, & x\overline{\in}\{y_1, y_2, \cdots, y_m\}且 x \in \mathbf{R} \end{cases}$$

定义 4.4.1 表 4.5 称为 $\underline{A}(x)$ 与 $\underline{B}(x)$ 的可能值带边积矩阵, 实数列 $x_1, x_2, \cdots, x_n$ 和 $y_1, y_2, \cdots, y_m$ 分别称为 $\underline{A}(x)$ 和 $\underline{B}(x)$ 的可能值序列, 且分别称为带边积矩阵的纵边和横边, 互相垂直的两条直线分别称为带边积矩阵的纵轴和横轴.

表 4.5 可能值带边积矩阵

x_1	$x_1 \times y_1$	$x_1 \times y_2$	$\cdots$	$x_1 \times y_j$	$\cdots$	$x_1 \times y_m$
x_2	$x_2 \times y_1$	$x_2 \times y_2$	$\cdots$	$x_2 \times y_j$	$\cdots$	$x_2 \times y_m$
$\vdots$	$\vdots$	$\vdots$		$\vdots$		$\vdots$
x_i	$x_i \times y_1$	$x_i \times y_2$	$\cdots$	$x_i \times y_j$	$\cdots$	$x_i \times y_m$
$\vdots$	$\vdots$	$\vdots$		$\vdots$		$\vdots$
x_n	$x_n \times y_1$	$x_n \times y_2$	$\cdots$	$x_n \times y_j$	$\cdots$	$x_n \times y_m$
$\times$	y_1	y_2	$\cdots$	y_j	$\cdots$	y_m

定义 4.4.2 表 4.6 称为 $\underline{A}(x)$ 与 $\underline{B}(x)$ 的隶属度带边积矩阵. $\underline{A}(x_1)$, $\underline{A}(x_2), \cdots, \underline{A}(x_n)$ 和 $\underline{B}(y_1), \underline{B}(y_2), \cdots, \underline{B}(y_m)$ 分别称为 $\underline{A}(x)$ 和 $\underline{B}(x)$ 的隶

属度序列, 且分别称为隶属度带边积矩阵的纵边和横边, 互相垂直的两条直线分别称为带边积矩阵的纵轴和横轴.

表 4.6　隶属度带边积矩阵

$\underline{A}(x_1)$	$\underline{A}(x_1)\underline{B}(y_1)$	$\underline{A}(x_1)\underline{B}(y_2)$	$\cdots$	$\underline{A}(x_1)\underline{B}(y_j)$	$\cdots$	$\underline{A}(x_1)\underline{B}(y_m)$
$\underline{A}(x_2)$	$\underline{A}(x_2)\underline{B}(y_1)$	$\underline{A}(x_2)\underline{B}(y_2)$	$\cdots$	$\underline{A}(x_2)\underline{B}(y_j)$	$\cdots$	$\underline{A}(x_2)\underline{B}(y_m)$
$\vdots$	$\vdots$	$\vdots$		$\vdots$		$\vdots$
$\underline{A}(x_i)$	$\underline{A}(x_i)\underline{B}(y_1)$	$\underline{A}(x_i)\underline{B}(y_2)$	$\cdots$	$\underline{A}(x_i)\underline{B}(y_j)$	$\cdots$	$\underline{A}(x_i)\underline{B}(y_m)$
$\vdots$	$\vdots$	$\vdots$		$\vdots$		$\vdots$
$\underline{A}(x_n)$	$\underline{A}(x_n)\underline{B}(y_1)$	$\underline{A}(x_n)\underline{B}(y_2)$	$\cdots$	$\underline{A}(x_n)\underline{B}(y_j)$	$\cdots$	$\underline{A}(x_n)\underline{B}(y_m)$
$\times$	$\underline{B}(y_1)$	$\underline{B}(y_2)$	$\cdots$	$\underline{B}(y_j)$	$\cdots$	$\underline{B}(y_m)$

定义 4.4.3　$\underline{A}(x)$ 与 $\underline{B}(x)$ 可能值带边积矩阵中右上方数字组成的矩阵

$$\begin{bmatrix} a_{11} & a_{12} & \cdots & a_{1m} \\ \vdots & \vdots & & \vdots \\ a_{i1} & a_{i2} & \cdots & a_{im} \\ \vdots & \vdots & & \vdots \\ a_{n1} & a_{n2} & \cdots & a_{nm} \end{bmatrix}$$

称为 $\underline{A}(x)$ 与 $\underline{B}(x)$ 的可能值带边积矩阵.

定义 4.4.4　$\underline{A}(x)$ 与 $\underline{B}(x)$ 隶属度带边积矩阵中右上方数字组成的矩阵

$$\begin{bmatrix} b_{11} & b_{12} & \cdots & b_{1m} \\ \vdots & \vdots & & \vdots \\ b_{i1} & b_{i2} & \cdots & b_{im} \\ \vdots & \vdots & & \vdots \\ b_{n1} & b_{n2} & \cdots & b_{nm} \end{bmatrix}$$

称为 $\underline{A}(x)$ 与 $\underline{B}(x)$ 的隶属度带边积矩阵.

定义 4.4.5 $\underline{A}(x)$ 与 $\underline{B}(x)$ 可能值带边积矩阵中第 i 行第 j 列元素 a_{ij} 与它们隶属度积矩阵中第 i 行第 j 列元素 b_{ij} 称为相应元素.

定义 4.4.6 将 $\underline{A}(x)$ 与 $\underline{B}(x)$ 的可能值带边积矩阵中元素排成一列, $\bar{x}_1, \bar{x}_2, \cdots, \bar{x}_l$, $\underline{A}(x)$ 与 $\underline{B}(x)$ 隶属度带边积矩阵中 $\bar{x}_i(i=1,2,\cdots,l)$ 的相应元素排一列: $\underline{C}(\bar{x}_1), \underline{C}(\bar{x}_2), \cdots, \underline{C}(\bar{x}_l)$, 则称清晰数

$$\underline{C}(x) = \begin{cases} \underline{C}(\bar{x}_1), & x = \bar{x}_1 \\ \underline{C}(\bar{x}_2), & x = \bar{x}_2 \\ \cdots\cdots \\ \underline{C}(\bar{x}_l), & x = \bar{x}_l \\ 0, & x \overline{\in} \{\bar{x}_1, \bar{x}_2, \cdots, \bar{x}_l\} \text{且} x \in \mathbf{R} \end{cases}$$

为 $\underline{A}(x)$ 与 $\underline{B}(x)$ 之积, 记为

$$\underline{C}(x) = \underline{A}(x) \times \underline{B}(x)$$

例 4.4.2 设清晰数

$$\underline{A}(x) = \begin{cases} \dfrac{1}{3}, & x = 2 \\ \dfrac{1}{3}, & x = 4 \\ 0, & x \overline{\in} \{2, 4\} \text{且} x \in \mathbf{R} \end{cases}$$

$$\underline{B}(x) = \begin{cases} \dfrac{1}{6}, & x = 2 \\ \dfrac{2}{3}, & x = 3 \\ 0, & x \overline{\in} \{2, 3\} \text{且} x \in \mathbf{R} \end{cases}$$

求 $\underline{A}(x) \times \underline{B}(x)$.

解 $\underline{A}(x)$ 与 $\underline{B}(x)$ 的可能值带边积矩阵为

2	4	6
4	8	12
×	2	3

$\underline{A}(x)$ 与 $\underline{B}(x)$ 的隶属度带边积矩阵为

$$
\begin{array}{c|cc}
\dfrac{1}{3} & \dfrac{1}{18} & \dfrac{2}{9} \\[2mm]
\dfrac{1}{3} & \dfrac{1}{18} & \dfrac{2}{9} \\[1mm]
\hline
\times & \dfrac{1}{6} & \dfrac{2}{3}
\end{array}
$$

将 $\underline{A}(x)$ 与 $\underline{B}(x)$ 可能值带边积矩阵的元素排成一列:

$$4, 6, 8, 12$$

将 $\underline{A}(x)$ 与 $\underline{B}(x)$ 的隶属度带边积矩阵中与其可能值带边和矩阵中

$$4, 6, 8, 12$$

的相应元素排成一列

$$\underline{C}(4) = \frac{1}{18}, \quad \underline{C}(6) = \frac{2}{9}, \quad \underline{C}(8) = \frac{1}{18}, \quad \underline{C}(12) = \frac{2}{9}$$

所以,

$$
\underline{C}(x) = \underline{A}(x) \times \underline{B}(x) = \begin{cases}
\dfrac{1}{18}, & x = 4 \\[2mm]
\dfrac{2}{9}, & x = 6 \\[2mm]
\dfrac{1}{18}, & x = 8 \\[2mm]
\dfrac{2}{9}, & x = 12 \\[2mm]
0, & x \overline{\in} \{4, 6, 8, 12\} \text{且} x \in \mathbf{R}
\end{cases}
$$

4.4.2 清晰数乘法的运算性质

性质 4.4.1 清晰数 $\underline{A}(x), \underline{B}(x)$ 的乘法满足交换律, 即 $\underline{A}(x) \times \underline{B}(x) = \underline{B}(x) \times \underline{A}(x)$.

证明 设 $\underline{A}(x)$ 为 n 阶清晰数, $\underline{B}(x)$ 为 m 阶清晰数, 可以表示为

$$\underline{A}(x) = \begin{cases} \underline{A}(x_1), & x = x_1 \\ \underline{A}(x_2), & x = x_2 \\ \cdots\cdots \\ \underline{A}(x_n), & x = x_n \\ 0, & x \overline{\in} \{x_1, x_2, \cdots, x_n\} \text{且} x \in \mathbf{R} \end{cases}$$

$$\underline{B}(x) = \begin{cases} \underline{B}(y_1), & x = y_1 \\ \underline{B}(y_2), & x = y_2 \\ \cdots\cdots \\ \underline{B}(y_m), & x = y_m \\ 0, & x \overline{\in} \{y_1, y_2, \cdots, y_m\} \text{且} x \in \mathbf{R} \end{cases}$$

因为清晰数 $\underline{A}(x)$ 与 $\underline{B}(x)$ 的可能值带边积矩阵中的元素为 $x_i \times y_j$, 且 $x_i \times y_j$ 在 $\underline{A}(x)$ 与 $\underline{B}(x)$ 的隶属度带边积矩阵中的相应元素为 $A(x_i) \times B(y_j)(i = 1, 2, \cdots, n, j = 1, 2, \cdots, m)$.

因为清晰数 $\underline{B}(x)$ 与 $\underline{A}(x)$ 的可能值带边积矩阵中的元素为 $y_j \times x_i$, 且 $y_j \times x_i$ 在 $\underline{B}(x)$ 与 $\underline{A}(x)$ 的隶属度带边积矩阵中的相应元素为 $B(y_j) \times A(x_i)(i = 1, 2, \cdots, n, j = 1, 2, \cdots, m)$. 又因为

$$x_i \times y_j = y_j \times x_i, \quad A(x_i) \times B(y_j) = B(y_j) \times A(x_i)$$

所以由清晰数乘法运算的定义得

$$\underline{A}(x) \times \underline{B}(x) = \underline{B}(x) \times \underline{A}(x)$$

性质 4.4.2 清晰数 $\underline{A}(x), \underline{B}(x), \underline{C}(x)$ 的乘法满足结合律, 即

$$\underline{A}(x) \times \underline{B}(x) \times \underline{C}(x) = \underline{A}(x) \times (\underline{B}(x) \times \underline{C}(x))$$

证明　设 $\underline{A}(x)$ 为 n 阶清晰数, $\underline{B}(x)$ 为 m 阶清晰数, $\underline{C}(x)$ 为 k 阶清晰数, 可以表示为

$$\underline{A}(x) = \begin{cases} \underline{A}(x_1), & x = x_1 \\ \underline{A}(x_2), & x = x_2 \\ \cdots\cdots \\ \underline{A}(x_n), & x = x_n \\ 0, & x \overline{\in} \{x_1, x_2, \cdots, x_n\} \text{且} x \in \mathbf{R} \end{cases}$$

$$\underline{B}(x) = \begin{cases} \underline{B}(y_1), & x = y_1 \\ \underline{B}(y_2), & x = y_2 \\ \cdots\cdots \\ \underline{B}(y_m), & x = y_m \\ 0, & x \overline{\in} \{y_1, y_2, \cdots, y_m\} \text{且} x \in \mathbf{R} \end{cases}$$

$$\underline{C}(x) = \begin{cases} \underline{C}(z_1), & x = z_1 \\ \underline{C}(z_2), & x = z_2 \\ \cdots\cdots \\ \underline{C}(z_k), & x = z_k \\ 0, & x \overline{\in} \{z_1, z_2, \cdots, z_k\} \text{且} x \in \mathbf{R} \end{cases}$$

因为清晰数 $\underline{A}(x)$ 与 $\underline{B}(x)$ 的可能值带边积矩阵中的元素为 $x_i \times y_j$, 且 $x_i \times y_j$ 在 $\underline{A}(x)$ 与 $\underline{B}(x)$ 的隶属度带边积矩阵中的相应元素为 $A(x_i) \times B(y_j)(i = 1, 2, \cdots, n, j = 1, 2, \cdots, m)$; $(\underline{A}(x) \times \underline{B}(x))$ 与 $\underline{C}(x)$ 的可能值带边积矩阵中的元素为 $x_i \times y_j \times z_l$, 且 $x_i \times y_j \times z_l$ 在 $(\underline{A}(x) \times \underline{B}(x))$ 与 $\underline{C}(x)$ 的隶属度带边积矩阵中的相应元素为 $A(x_i) \times B(y_j) \times C(z_l)(i = 1, 2, \cdots, n, j = 1, 2, \cdots, m, l = 1, 2, \cdots, k)$.

因为清晰数 $\underline{B}(x)$ 与 $\underline{C}(x)$ 的可能值带边积矩阵中的元素为 $y_j \times z_l$, 且 $y_j \times z_l$ 在 $\underline{B}(x)$ 与 $\underline{C}(x)$ 的隶属度带边积矩阵中的相应元素为 $B(y_j) \times$

$C(z_l)(j = 1, 2, \cdots, m, l = 1, 2, \cdots, k)$; $\underline{A}(x)$ 与 $(\underline{B}(x) \times \underline{C}(x))$ 的可能值积矩阵中的元素为 $x_i \times (y_j \times z_l)$, 且 $x_i \times (y_j \times z_l)$ 在 $\underline{A}(x)$ 与 $(\underline{B}(x) \times \underline{C}(x))$ 的隶属度积矩阵中的相应元素为 $A(x_i) \times (B(y_j) \times C(z_l))(i = 1, 2, \cdots, n, j = 1, 2, \cdots, m, l = 1, 2, \cdots, k)$.

又因为

$$x_i \times y_j \times z_l = x_i \times (y_j \times z_l), \quad A(x_i) \times B(y_j) \times C(z_l) = A(x_i) \times (B(y_j) \times C(z_l))$$

所以由清晰数乘法运算的定义得

$$\underline{A}(x) \times \underline{B}(x) \times \underline{C}(x) = \underline{A}(x) \times (\underline{B}(x) \times \underline{C}(x))$$

性质 4.4.3 清晰数 $\underline{A}(x), \underline{B}(x), \underline{C}(x)$, 若 $\underline{A}(x)$ 的所有可能值所对应的隶属度均为 1 且为一阶时, 则满足乘法分配律, 即

$$\underline{A}(x) \times (\underline{B}(x) + \underline{C}(x)) = \underline{A}(x) \times \underline{B}(x) + \underline{A}(x) \times \underline{C}(x)$$

证明 设 $\underline{A}(x)$ 为 n 阶清晰数, $\underline{B}(x)$ 为 m 阶清晰数, $\underline{C}(x)$ 为 k 阶清晰数, 可以表示为

$$\underline{A}(x) = \begin{cases} \underline{A}(x_1), & x = x_1 \\ \underline{A}(x_2), & x = x_2 \\ \cdots \cdots \\ \underline{A}(x_n), & x = x_n \\ 0, & x \overline{\in} \{x_1, x_2, \cdots, x_n\} \text{且} x \in \mathbf{R} \end{cases}$$

$$\underline{B}(x) = \begin{cases} \underline{B}(y_1), & x = y_1 \\ \underline{B}(y_2), & x = y_2 \\ \cdots \cdots \\ \underline{B}(y_m), & x = y_m \\ 0, & x \overline{\in} \{y_1, y_2, \cdots, y_m\} \text{且} x \in \mathbf{R} \end{cases}$$

$$\underline{C}(x) = \begin{cases} \underline{C}(z_1), & x = z_1 \\ \underline{C}(z_2), & x = z_2 \\ \cdots\cdots \\ \underline{C}(z_k), & x = z_k \\ 0, & x\overline{\in}\{z_1, z_2, \cdots, z_k\}\text{且}x \in \mathbf{R} \end{cases}$$

因为清晰数 $\underline{B}(x)$ 与 $\underline{C}(x)$ 的可能值带边和矩阵中的元素为 $y_j + z_l$, 且 $y_j + z_l$ 在 $\underline{B}(x)$ 与 $\underline{C}(x)$ 的隶属度带边积矩阵中的相应元素为 $B(y_j) \times C(z_l)(j = 1, 2, \cdots, m, l = 1, 2, \cdots, k)$; $\underline{A}(x)$ 与 $(\underline{B}(x) + \underline{C}(x))$ 的可能值带边积矩阵中的元素为 $x_i \times (y_j + z_l)$, 且 $x_i \times (y_j + z_l)$ 在 $\underline{A}(x)$ 与 $(\underline{B}(x) + \underline{C}(x))$ 的隶属度带边积矩阵中的相应元素为 $A(x_i) \times (B(y_j) + C(z_l))(i = 1, 2, \cdots, n, j = 1, 2, \cdots, m, l = 1, 2, \cdots, k)$.

又因为清晰数 $\underline{A}(x)$ 与 $\underline{B}(x)$ 的可能值带边积矩阵中的元素为 $x_i \times y_j$, 且 $x_i \times y_j$ 在 $\underline{A}(x)$ 与 $\underline{B}(x)$ 的隶属度积矩阵中的相应元素为 $A(x_i) \times B(y_j)(i = 1, 2, \cdots, n, j = 1, 2, \cdots, m)$; 清晰数 $\underline{A}(x)$ 与 $\underline{C}(x)$ 的可能值带边积矩阵中的元素为 $x_i \times z_l$, 且 $x_i \times z_l$ 在 $\underline{A}(x)$ 与 $\underline{C}(x)$ 的隶属度带边积矩阵中的相应元素为 $A(x_i) \times C(z_l)(i = 1, 2, \cdots, n, l = 1, 2, \cdots, k)$; $\underline{A}(x) \times \underline{B}(x)$ 与 $\underline{A}(x) \times \underline{C}(x)$ 的可能值带边和矩阵中的元素为 $x_i \times y_j + x_i \times z_l$, 且 $x_i \times y_j + x_i \times z_l$ 在 $\underline{A}(x) \times \underline{B}(x)$ 与 $\underline{A}(x) \times \underline{C}(x)$ 的隶属度带边积矩阵中的相应元素为 $A(x_i) \times B(y_j) \times A(x_i) \times C(z_l) = A^2(x_i) \times (B(y_j) \times C(z_l))$, 其中 $(i = 1, 2, \cdots, n, j = 1, 2, \cdots, m, l = 1, 2, \cdots, k)$.

又可能值的关系 $x_i\times(y_j+z_l) = x_i\times y_j+x_i\times z_l$ 成立, 而隶属度的关系一般是 $A(x_i)\times B(y_j)\times C(z_l) \neq A^2(x_i)\times(B(y_i)\times C(z_l))$, 要使关系成立, 就要求 $\underline{A}(x_i) = A^2(x_i)$, 即 $\underline{A}(x_i) = 1(i = 1, 2, \cdots, n, j = 1, 2, \cdots, m, l = 1, 2, \cdots, k)$, 所以由清晰数加法和乘法运算的定义得: 当 $\underline{A}(x_i) = 1(i = 1, 2, \cdots, n)$, 且 $\underline{A}(x_i)$ 为一阶时,

$$\underline{A}(x) \times (\underline{B}(x) + \underline{C}(x)) = \underline{A}(x) \times \underline{B}(x) + \underline{A}(x) \times \underline{C}(x)$$

试举反例如下.

例 4.4.3 设有清晰数 $\underline{A}(x), \underline{B}(x), \underline{C}(x)$, 分别为

$$\underline{A}(x) = \begin{cases} \dfrac{1}{3}, & x = 2 \\[2mm] \dfrac{3}{5}, & x = 3 \\[2mm] 0, & x\overline{\in}\{2,3\} \text{且} x \in \mathbf{R} \end{cases}$$

$$\underline{B}(x) = \begin{cases} \dfrac{1}{2}, & x = 1 \\[2mm] \dfrac{2}{3}, & x = 2 \\[2mm] 0, & x\overline{\in}\{1,2\} \text{且} x \in \mathbf{R} \end{cases}$$

$$\underline{C}(x) = \begin{cases} \dfrac{4}{5}, & x = 4 \\[2mm] \dfrac{2}{3}, & x = 5 \\[2mm] 0, & x\overline{\in}\{4,5\} \text{且} x \in \mathbf{R} \end{cases}$$

试求: $\underline{A}(x) \times (\underline{B}(x) + \underline{C}(x))$ 和 $\underline{A}(x) \times \underline{B}(x) + \underline{A}(x) \times \underline{C}(x)$, 看其是否相等?

解 根据加法的定义可得, $\underline{B}(x) + \underline{C}(x)$ 的值为

$$\underline{B}(x) + \underline{C}(x) = \begin{cases} \dfrac{2}{5}, & x = 5 \\[2mm] \dfrac{1}{3}, & x = 6 \\[2mm] \dfrac{8}{15}, & x = 6 \\[2mm] \dfrac{4}{9}, & x = 7 \\[2mm] 0, & x\overline{\in}\{5,6,7\} \text{且} x \in \mathbf{R} \end{cases}$$

根据乘法的定义可得 $\underline{A}(x) \times (\underline{B}(x) + \underline{C}(x))$ 的值为

$$
\underline{A}(x) \times (\underline{B}(x) + \underline{C}(x)) = \begin{cases} \dfrac{2}{15}, & x = 10 \\[2mm] \dfrac{1}{9}, & x = 12 \\[2mm] \dfrac{8}{45}, & x = 12 \\[2mm] \dfrac{4}{27}, & x = 14 \\[2mm] \dfrac{6}{25}, & x = 15 \\[2mm] \dfrac{1}{5}, & x = 18 \\[2mm] \dfrac{8}{25}, & x = 18 \\[2mm] \dfrac{4}{15}, & x = 21 \\[2mm] 0, & x\overline{\in}\{10,12,14,15,18,21\}\text{且}x \in \mathbf{R} \end{cases}
$$

根据乘法的定义可得, $\underline{A}(x) \times \underline{B}(x)$ 的值为

$$
\underline{A}(x) \times \underline{B}(x) = \begin{cases} \dfrac{1}{6}, & x = 2 \\[2mm] \dfrac{3}{10}, & x = 3 \\[2mm] \dfrac{2}{9}, & x = 4 \\[2mm] \dfrac{2}{5}, & x = 6 \\[2mm] 0, & x\overline{\in}\{2,3,4,6\}\text{且}x \in \mathbf{R} \end{cases}
$$

根据乘法的定义可得, $\underline{A}(x) \times \underline{C}(x)$ 的值为

$$\underline{A}(x) \times \underline{C}(x) = \begin{cases} \dfrac{4}{15}, & x = 8 \\[2mm] \dfrac{2}{9}, & x = 10 \\[2mm] \dfrac{12}{25}, & x = 12 \\[2mm] \dfrac{2}{5}, & x = 15 \\[2mm] 0, & x \overline{\in} \{8, 10, 12, 15\} \text{且} x \in \mathbf{R} \end{cases}$$

根据加法的定义可得, $\underline{A}(x) \times \underline{B}(x) + \underline{A}(x) \times \underline{C}(x)$ 的值为

可能值	10	11	12	12	13	14
隶属度	2/15	6/75	8/135	1/27	1/15	2/25
可能值	14	14	15	16	16	17
隶属度	4/81	8/75	18/125	8/75	4/45	1/15
可能值	18	18	19	21	其他	
隶属度	24/125	3/25	4/45	4/25	0	

由以上可得

$$\underline{A}(x) \times (\underline{B}(x) + \underline{C}(x)) \neq \underline{A}(x) \times \underline{B}(x) + \underline{A}(x) \times \underline{C}(x)$$

可知, 一般情况下清晰数的乘法分配律是不成立的, 只有当 $\underline{A}(x)$ 的所有可能值所对应的隶属度均为 1 且为一阶时, 才满足乘法分配律, 即

$$\underline{A}(x) \times (\underline{B}(x) + \underline{C}(x)) = \underline{A}(x) \times \underline{B}(x) + \underline{A}(x) \times \underline{C}(x)$$

例 4.4.4 设

$$\underline{A}(x) = \begin{cases} 1, & x = 1 \\ 1, & x = 1 \\ 0, & x \neq 1 \text{且} x \in \mathbf{R} \end{cases}$$

$$\underline{B}(x) = \begin{cases} 1, & x = 1 \\ 0, & x \neq 1 且 x \in \mathbf{R} \end{cases}$$

$$\underline{C}(x) = \begin{cases} 1, & x = 1 \\ 0, & x \neq 1 且 x \in \mathbf{R} \end{cases}$$

则可算得

$$\underline{A}(x)(\underline{B}(x) + \underline{C}(x)) = \begin{cases} 1, & x = 2 \\ 1, & x = 2 \\ 0, & x \neq 2 且 x \in \mathbf{R} \end{cases}$$

$$\underline{A}(x)\underline{B}(x) + \underline{A}(x)\underline{C}(x) = \begin{cases} 1, & x = 2 \\ 1, & x = 2 \\ 1, & x = 2 \\ 1, & x = 2 \\ 0, & x \neq 2 且 x \in \mathbf{R} \end{cases}$$

故 $\underline{A}(x)(\underline{B}(x) + \underline{C}(x)) \neq \underline{A}(x)\underline{B}(x) + \underline{A}(x)\underline{C}(x)$, 它们的阶数不等.

4.5　清晰数的除法及运算性质

4.5.1　清晰数的除法

对清晰数的除法运算进行讨论时, 要求除数不能为零, 由于除数为零的情况比较复杂, 这里暂不讨论.

例 4.5.1　某市预算拨款对本市一些困难家庭进行补助, 需要对每户分到的拨款的数额进行评估, 现请来两组专家分别对拨款的数额和可能获得补助的困难家庭的数目进行评估, 专家组 $\mu_{20} = \{a_1, a_2, a_3\}$ 估计可以拨款的数额为 20 万, 其中两位专家表示赞成, 一位没有表态, 赞成者具

体构成集 $\Delta\mu_{20} = \{a_1, a_3\}$, 专家组 $\mu_{200} = \{b_1, b_2, b_3, b_4\}$ 估计可以获得补助的困难用户有 200 户, 其中三位专家表示赞成, 一位没有表态, 赞成者具体构成集 $\Delta\mu_{200} = \{b_1, b_2, b_3\}$, 请根据两组专家的意见, 分析一下该市平均每户困难家庭可能获得的补助金有多少?

这是一个关于清晰数的除法运算的问题. 根据两个组专家的分析, 该市可以拨款的数额为 20 万元, 可以获得补助的困难用户有 200 户, 那么平均每个困难家庭可以得到的补助金为 $20\div200 = 0.1$ 万元, 但是由于专家表态不一致, 这个 0.1 的隶属度应该是多少呢? 同理, 这个 0.1 的 $\mu_{0.1}, \Delta\mu_{0.1}, P(\Delta\mu_{0.1})$ 又分别是多少呢?

我们知道 $\mu_{0.1}$ 一定和 μ_{20}, μ_{200} 有关, 因此可以令

$$\mu_{0.1} = \mu_{20} \times \mu_{200} = \{(a_1, b_1), (a_1, b_2), (a_1, b_3), (a_1, b_4), (a_2, b_1), (a_2, b_2),$$
$$(a_2, b_3), (a_2, b_4), (a_3, b_1), (a_3, b_2), (a_3, b_3), (a_3, b_4)\}$$

这是原专家组 μ_{20} 和 μ_{200} 的专家所组成的一组序对 (a_i, b_j), 其中序对的个数满足关系 $|\mu_{0.1}| = |\mu_{20}||\mu_{200}|$, 可以把这些序对看成一个新的专家组, 而这个新的专家组对 0.1 的表态情况又会是怎样的呢? 显然, 只有当 $a_i \in \Delta\mu_{20}, b_j \in \Delta\mu_{200}$ 时才行, 于是

$$\Delta\mu_{0.1} = \{(a_i b_j) | a_i \in \Delta\mu_{20}, b_j \in \Delta\mu_{200}\}$$

从而 $|\Delta\mu_{0.1}| = |\Delta\mu_{20}||\Delta\mu_{200}|$, 故得

$$P(\Delta\mu_{0.1}) = \frac{|\Delta\mu_{0.1}|}{|\mu_{0.1}|} = \frac{|\Delta\mu_{20}||\Delta\mu_{200}|}{|\mu_{20}||\mu_{200}|}$$
$$= \frac{|\Delta\mu_{20}|}{|\mu_{20}|} \cdot \frac{|\Delta\mu_{200}|}{|\mu_{200}|} = \frac{2}{3} \times \frac{3}{4} = \frac{6}{12}$$

于是可得, 该市平均每个困难家庭可以得到的补助金为

$$\underline{A}(x) = \begin{cases} \dfrac{2}{3}, & x = 20 \\ 0, & x \bar{\in} \{20\} \text{且} x \in \mathbf{R} \end{cases}$$

与

$$\underline{B}(x) = \begin{cases} \dfrac{3}{4}, & x = 200 \\ 0, & x \overline{\in} \{200\} \text{且} x \in \mathbf{R} \end{cases}$$

之商, 即

$$\underline{C}(x) = \underline{A}(x) \div \underline{B}(x)$$

$$= \begin{cases} \dfrac{6}{12} = \dfrac{2}{3} \times \dfrac{3}{4}, & x = 0.1 \\ 0, & x \overline{\in} \{0.1\} \text{且} x \in \mathbf{R} \end{cases}$$

显然, 从这个简单的事例中, 既可以找出 $\mu_{0.1}, \Delta\mu_{0.1}$, 又可以找出关系 $P(\Delta\mu_{0.1}) = P(\Delta\mu_{20}) \times P(\Delta\mu_{200})$.

由以上实例可以给出清晰数的除法运算的定义.

定义 4.5.1 设清晰数

$$\underline{A}(x) = \begin{cases} \underline{A}(x_1), & x = x_1 \\ \underline{A}(x_2), & x = x_2 \\ \cdots\cdots \\ \underline{A}(x_n), & x = x_n \\ 0, & x \overline{\in} \{x_1, x_2, \cdots, x_n\} \text{且} x \in \mathbf{R} \end{cases}$$

$$\underline{B}(x) = \begin{cases} \underline{B}(y_1), & x = y_1 \\ \underline{B}(y_2), & x = y_2 \\ \cdots\cdots \\ \underline{B}(y_m), & x = y_m \\ 0, & x \overline{\in} \{y_1, y_2, \cdots, y_m\} \text{且} x \in \mathbf{R} \end{cases}$$

表 4.7 称为 $\underline{A}(x)$ 与 $\underline{B}(x)$ 的可能值带边商矩阵, 实数列 $x_1, x_2, \cdots, x_n$ 和 $y_1, y_2, \cdots, y_m$ 分别称为 $\underline{A}(x)$ 和 $\underline{B}(x)$ 的可能值序列, 且分别称为带边商矩阵的纵边和横边, 互相垂直的两条直线分别称为带边商矩阵的纵轴和横轴.

表 4.7   可能值带边商矩阵

x_1	$x_1 \div y_1$	$x_1 \div y_2$	$\cdots$	$x_1 \div y_j$	$\cdots$	$x_1 \div y_m$
x_2	$x_2 \div y_1$	$x_2 \div y_2$	$\cdots$	$x_2 \div y_j$	$\cdots$	$x_2 \div y_m$
$\vdots$	$\vdots$	$\vdots$		$\vdots$		$\vdots$
x_i	$x_i \div y_1$	$x_i \div y_2$	$\cdots$	$x_i \div y_j$	$\cdots$	$x_i \div y_m$
$\vdots$	$\vdots$	$\vdots$		$\vdots$		$\vdots$
x_n	$x_n \div y_1$	$x_n \div y_2$	$\cdots$	$x_n \div y_j$	$\cdots$	$x_n \div y_m$
$\div$	y_1	y_2	$\cdots$	y_j	$\cdots$	y_m

定义 4.5.2   表 4.8 称为 $\underline{A}(x)$ 与 $\underline{B}(x)$ 的隶属度带边积矩阵. $\underline{A}(x_1)$, $\underline{A}(x_2), \cdots, \underline{A}(x_n)$ 和 $\underline{B}(y_1), \underline{B}(y_2), \cdots, \underline{B}(y_m)$ 分别称为 $\underline{A}(x)$ 和 $\underline{B}(x)$ 的隶属度序列, 且分别称为隶属度带边积矩阵的纵边和横边, 互相垂直的两条直线分别称为带边积矩阵的纵轴和横轴.

定义 4.5.3 $\underline{A}(x)$ 与 $\underline{B}(x)$ 可能值带边商矩阵中右上方数字组成的矩阵

$$\begin{bmatrix} a_{11} & a_{12} & \cdots & a_{1m} \\ \vdots & \vdots & & \vdots \\ a_{i1} & a_{i2} & \cdots & a_{im} \\ \vdots & \vdots & & \vdots \\ a_{n1} & a_{n2} & \cdots & a_{nm} \end{bmatrix}$$

称为 $\underline{A}(x)$ 与 $\underline{B}(x)$ 的可能值商矩阵.

表 4.8   隶属度带边积矩阵

$\underline{A}(x_1)$	$\underline{A}(x_1)\underline{B}(y_1)$	$\underline{A}(x_1)\underline{B}(y_2)$	$\cdots$	$\underline{A}(x_1)\underline{B}(y_j)$	$\cdots$	$\underline{A}(x_1)\underline{B}(y_m)$
$\underline{A}(x_2)$	$\underline{A}(x_2)\underline{B}(y_1)$	$\underline{A}(x_2)\underline{B}(y_2)$	$\cdots$	$\underline{A}(x_2)\underline{B}(y_j)$	$\cdots$	$\underline{A}(x_2)\underline{B}(y_m)$
$\vdots$	$\vdots$	$\vdots$		$\vdots$		$\vdots$
$\underline{A}(x_i)$	$\underline{A}(x_i)\underline{B}(y_1)$	$\underline{A}(x_i)\underline{B}(y_2)$	$\cdots$	$\underline{A}(x_i)\underline{B}(y_j)$	$\cdots$	$\underline{A}(x_i)\underline{B}(y_m)$
$\vdots$	$\vdots$	$\vdots$		$\vdots$		$\vdots$
$\underline{A}(x_n)$	$\underline{A}(x_n)\underline{B}(y_1)$	$\underline{A}(x_n)\underline{B}(y_2)$	$\cdots$	$\underline{A}(x_n)\underline{B}(y_j)$	$\cdots$	$\underline{A}(x_n)\underline{B}(y_m)$
$\times$	$\underline{B}(y_1)$	$\underline{B}(y_2)$	$\cdots$	$\underline{B}(y_j)$	$\cdots$	$\underline{B}(y_m)$

定义 4.5.4 $\underline{A}(x)$ 与 $\underline{B}(x)$ 隶属度带边积矩阵中右上方数字组成的矩阵

$$\begin{bmatrix} b_{11} & b_{12} & \cdots & b_{1m} \\ \vdots & \vdots & & \vdots \\ b_{i1} & b_{i2} & \cdots & b_{im} \\ \vdots & \vdots & & \vdots \\ b_{n1} & b_{n2} & \cdots & b_{nm} \end{bmatrix}$$

称为 $\underline{A}(x)$ 与 $\underline{B}(x)$ 的隶属度带边积矩阵.

定义 4.5.5 $\underline{A}(x)$ 与 $\underline{B}(x)$ 可能值商矩阵中第 i 行第 j 列元素 a_{ij} 与它们隶属度带边积矩阵中第 i 行第 j 列元素 b_{ij} 称为相应元素.

定义 4.5.6   将 $\underline{A}(x)$ 与 $\underline{B}(x)$ 的可能值带边商矩阵中元素排成一列, $\bar{x}_1, \bar{x}_2, \cdots, \bar{x}_l, \underline{A}(x)$ 与 $\underline{B}(x)$ 隶属度带边积矩阵中 $\bar{x}_i (i = 1, 2, \cdots, l)$ 的相应元素排成一列: $\underline{C}(\bar{x}_1), \underline{C}(\bar{x}_2), \cdots, \underline{C}(\bar{x}_l)$, 则称清晰数

$$\underline{C}(x) = \begin{cases} \underline{C}(\bar{x}_1), & x = \bar{x}_1 \\ \underline{C}(\bar{x}_2), & x = \bar{x}_2 \\ \cdots\cdots \\ \underline{C}(\bar{x}_l), & x = \bar{x}_l \\ 0, & x \overline{\in} \{\bar{x}_1, \bar{x}_2, \cdots, \bar{x}_l\} 且 x \in \mathbf{R} \end{cases}$$

为 $\underline{A}(x)$ 与 $\underline{B}(x)$ 之商, 记作

$$\underline{C}(x) = \underline{A}(x) \div \underline{B}(x)$$

例 4.5.2   设清晰数

$$\underline{A}(x) = \begin{cases} \dfrac{1}{3}, & x = 2 \\ \dfrac{1}{3}, & x = 4 \\ 0, & x \overline{\in} \{2, 4\} 且 x \in \mathbf{R} \end{cases}$$

$$B(x) = \begin{cases} \dfrac{2}{3}, & x = 1 \\[2mm] \dfrac{1}{6}, & x = 2 \\[2mm] 0, & x \overline{\in} \{1,2\} 且 x \in \mathbf{R} \end{cases}$$

求 $\underline{A}(x) \div \underline{B}(x)$.

解 $\underline{A}(x)$ 与 $\underline{B}(x)$ 的可能值带边商矩阵为

2	1	2
4	2	4
÷	2	1

$\underline{A}(x)$ 与 $\underline{B}(x)$ 的隶属度带边积矩阵为

$\dfrac{1}{3}$	$\dfrac{1}{18}$	$\dfrac{2}{9}$
$\dfrac{1}{3}$	$\dfrac{1}{18}$	$\dfrac{2}{9}$
$\times$	$\dfrac{1}{6}$	$\dfrac{2}{3}$

将 $\underline{A}(x)$ 与 $\underline{B}(x)$ 可能值商矩阵的元素排成一列:

$$1, 2, 2, 4$$

将 $\underline{A}(x)$ 与 $\underline{B}(x)$ 的隶属度积矩阵中与其可能值商矩阵中的相应元素排成一列

$$\underline{C}(1) = \frac{1}{18}, \quad \underline{C}(2) = \frac{1}{18}, \quad \underline{C}(2) = \frac{2}{9}, \quad \underline{C}(4) = \frac{2}{9}$$

所以,

$$\underline{C}(x) = \underline{A}(x) \div \underline{B}(x) = \begin{cases} \dfrac{1}{18}, & x = 1 \\[2mm] \dfrac{1}{18}, & x = 2 \\[2mm] \dfrac{2}{9}, & x = 2 \\[2mm] \dfrac{2}{9}, & x = 4 \\[2mm] 0, & x \overline{\in} \{1,2,4\} \text{且} x \in \mathbf{R} \end{cases}$$

4.5.2 清晰数除法的运算性质

定义 4.5.7 已知 n 阶清晰数 $\underline{A}(x)$, 则称清晰数 $\dfrac{1}{\underline{A}(x)}$ 为清晰数 $\underline{A}(x)$ 的倒数, 记为 $\dfrac{1}{\underline{A}(x)}$, 其中 $\underline{A}(x)$ 和 $\dfrac{1}{\underline{A}(x)}$ 可以表示为

$$\underline{A}(x) = \begin{cases} \underline{A}(x_1), & x = x_1 \\[1mm] \underline{A}(x_2), & x = x_2 \\[1mm] \cdots\cdots \\[1mm] \underline{A}(x_n), & x = x_n \\[1mm] 0, & x \overline{\in} \{x_1, x_2, \cdots, x_n\} \text{且} x \in \mathbf{R} \end{cases}$$

$$\frac{1}{\underline{A}(x)} = \begin{cases} \underline{A}(x_1), & x = \dfrac{1}{x_1} \\[2mm] \underline{A}(x_2), & x = \dfrac{1}{x_2} \\[2mm] \cdots\cdots \\[2mm] \underline{A}(x_n), & x = \dfrac{1}{x_n} \\[2mm] 0, & x \overline{\in} \left\{ \dfrac{1}{x_1}, \dfrac{1}{x_2}, \cdots, \dfrac{1}{x_n} \right\} \text{且} x \in \mathbf{R} \end{cases}$$

我们知道实数是清晰数的特例, 实数可以表示成清晰数的形式, 所以可以说清晰数的倒数是实数中倒数的推广, 实数中的倒数是清晰数的

倒数的特例. 例如, 在实数范围内 3 和 $\dfrac{1}{3}$ 互为相反数, 在清晰数范围内, $\underline{A}(x)$ 和 $\dfrac{1}{\underline{A}(x)}$ 互为倒数.

定理 4.5.1 清晰数 $\underline{A}(x)$ 与 $\underline{B}(x)$ 的商等于清晰数 $\underline{A}(x)$ 乘以清晰数 $\underline{B}(x)$ 的倒数 $\dfrac{1}{\underline{B}(x)}$, 即

$$\underline{A}(x) \div \underline{B}(x) = \underline{A}(x) \times \frac{1}{\underline{B}(x)}$$

证明 设 $\underline{A}(x)$ 为 n 阶清晰数, $\underline{B}(x)$ 为 m 阶清晰数, $\dfrac{1}{\underline{B}(x)}$ 为 $\underline{B}(x)$ 的倒数, 可以表示为

$$\underline{A}(x) = \begin{cases} \underline{A}(x_1), & x = x_1 \\ \underline{A}(x_2), & x = x_2 \\ \cdots\cdots \\ \underline{A}(x_n), & x = x_n \\ 0, & x \overline{\in} \{x_1, x_2, \cdots, x_n\} \text{且} x \in \mathbf{R} \end{cases}$$

$$\underline{B}(x) = \begin{cases} \underline{B}(y_1), & x = y_1 \\ \underline{B}(y_2), & x = y_2 \\ \cdots\cdots \\ \underline{B}(y_m), & x = y_m \\ 0, & x \overline{\in} \{y_1, y_2, \cdots, y_m\} \text{且} x \in \mathbf{R} \end{cases}$$

$$\frac{1}{\underline{B}(x)} = \begin{cases} \underline{B}(y_1), & x = \dfrac{1}{y_1} \\ \underline{B}(y_2), & x = \dfrac{1}{y_2} \\ \cdots\cdots \\ \underline{B}(y_m), & x = \dfrac{1}{y_m} \\ 0, & x \overline{\in} \left\{\dfrac{1}{y_1}, \dfrac{1}{y_2}, \cdots, \dfrac{1}{y_m}\right\} \text{且} x \in \mathbf{R} \end{cases}$$

因为清晰数 $\underline{A}(x)$ 与 $\underline{B}(x)$ 的可能值商矩阵中的元素为 $x_i \div y_j$, 且 $x_i \div y_j$ 在 $\underline{A}(x)$ 与 $\underline{B}(x)$ 的隶属度积矩阵中的相应元素为 $A(x_i) \times B(y_j)(i = 1, 2, \cdots, n, j = 1, 2, \cdots, m)$.

因为清晰数 $\underline{A}(x)$ 与 $\dfrac{1}{\underline{B}(x)}$ 的可能值积矩阵中的元素为 $x_i \times \dfrac{1}{y_j}$, 且 $x_i \times \dfrac{1}{y_j}$ 在 $\underline{A}(x)$ 与 $\dfrac{1}{\underline{B}(x)}$ 的隶属度积矩阵中的相应元素为 $A(x_i) \times B(y_j)(i = 1, 2, \cdots, n, j = 1, 2, \cdots, m)$.

又因为

$$x_i \div y_j = x_i \times \frac{1}{y_j}, \quad A(x_i) \times B(y_j) = A(x_i) \times B(y_j)$$

所以得

$$\underline{A}(x) \div \underline{B}(x) = \underline{A}(x) \times \frac{1}{\underline{B}(x)}$$

说明　(1) 利用清晰数的倒数可以把清晰数的除法运算转化为清晰数的乘法运算.

(2) 在实数范围内, 互为倒数的两个实数之积为 1, 例如, $18 \times \dfrac{1}{18} = 1$, 但在清晰数范围中, 互为倒数的两个清晰数之积却不一定为实数 1. 即使是相等的两个清晰数的商也不一定是实数 1, 即 $\underline{A}(x) = \underline{B}(x)$ 不能推出 $\underline{A}(x) \div \underline{B}(x) = 1$, 也说明清晰数的运算法则中一般不满足移项法则.

定理 4.5.2　清晰数 $\underline{A}(x), \underline{B}(x), \underline{C}(x)$ 的除法满足关系

$$\underline{A}(x) \div \underline{B}(x) \div \underline{C}(x) = \underline{A}(x) \div (\underline{B}(x) \times \underline{C}(x))$$

证明　设 $\underline{A}(x)$ 为 n 阶清晰数, $\underline{B}(x)$ 为 m 阶清晰数, $\underline{C}(x)$ 为 k 阶清晰数, 可以表示为

$$\underline{A}(x) = \begin{cases} \underline{A}(x_1), & x = x_1 \\ \underline{A}(x_2), & x = x_2 \\ \cdots\cdots \\ \underline{A}(x_n), & x = x_n \\ 0, & x \overline{\in} \{x_1, x_2, \cdots, x_n\} \text{且} x \in \mathbf{R} \end{cases}$$

$$\underline{B}(x) = \begin{cases} \underline{B}(y_1), & x = y_1 \\ \underline{B}(y_2), & x = y_2 \\ \cdots\cdots \\ \underline{B}(y_m), & x = y_m \\ 0, & x\overline{\in}\{y_1, y_2, \cdots, y_m\}\text{且} x \in \mathbf{R} \end{cases}$$

$$\underline{C}(x) = \begin{cases} \underline{C}(z_1), & x = z_1 \\ \underline{C}(z_2), & x = z_2 \\ \cdots\cdots \\ \underline{C}(z_k), & x = z_k \\ 0, & x\overline{\in}\{z_1, z_2, \cdots, z_k\}\text{且} x \in \mathbf{R} \end{cases}$$

因为清晰数 $\underline{A}(x)$ 与 $\underline{B}(x)$ 的可能值商矩阵中的元素为 $x_i \div y_j$, 且 $x_i \div y_j$ 在 $\underline{A}(x)$ 与 $\underline{B}(x)$ 的隶属度积矩阵中的相应元素为 $A(x_i) \times B(y_j)(i = 1, 2, \cdots, n, j = 1, 2, \cdots, m)$; $\underline{A}(x) \div \underline{B}(x)$ 与 $\underline{C}(x)$ 的可能值商矩阵中的元素为 $x_i \div y_j \div z_l$, 且 $x_i \div y_j \div z_l$ 在 $\underline{A}(x) \div \underline{B}(x)$ 与 $\underline{C}(x)$ 的隶属度积矩阵中的相应元素为 $A(x_i) \times B(y_j) \times C(z_l)(i = 1, 2, \cdots, n, j = 1, 2, \cdots, m, l = 1, 2, \cdots, k)$.

又因为清晰数 $\underline{B}(x)$ 与 $\underline{C}(x)$ 的可能值积矩阵中的元素为 $y_j \times z_l$, 且 $y_j \times z_l$ 在 $\underline{B}(x)$ 与 $\underline{C}(x)$ 的隶属度积矩阵中的相应元素为 $B(y_j) \times C(z_l)(j = 1, 2, \cdots, m, l = 1, 2, \cdots, k)$; $\underline{A}(x)$ 与 $\underline{B}(x) \times \underline{C}(x)$ 的可能值商矩阵中的元素为 $x_i \div (y_j \times z_l)$, 且 $x_i \div (y_j \times z_l)$ 在 $\underline{A}(x)$ 与 $\underline{B}(x) \times \underline{C}(x)$ 的隶属度积矩阵中的相应元素为 $A(x_i) \times (B(y_j) \times C(z_l))(i = 1, 2, \cdots, n, j = 1, 2, \cdots, m, l = 1, 2, \cdots, k)$.

$$x_i \div y_j \div z_l = x_i \div (y_j \times z_l),$$

$$A(x_i) \times B(y_j) \times C(z_l) = A(x_i) \times (B(y_j) \times C(z_l))$$

所以由清晰数乘法和除法运算的定义得

$$\underline{A}(x) \div \underline{B}(x) \div \underline{C}(x) = \underline{A}(x) \div (\underline{B}(x) \times \underline{C}(x))$$

4.6　清晰数的大小关系

实数是有序的, 可以作大小比较. 任给实数 a, 有且仅有下面一种关系成立 $a < 0, a = 0, a > 0$.

任意两个实数 b, c, 令 $a = b - c$, 当 $a < 0, a = 0, a > 0$ 时, 分别称 $b < c, b = c, b > c$. 以上是实数的全序性.

4.6.1　清晰数的分布函数表示法

我们先给出清晰数的概念.

定义 4.6.1　函数

$$\varphi(x) = \begin{cases} \varphi(x_1), & x = x_1 \\ \varphi(x_2), & x = x_2 \\ \cdots\cdots \\ \varphi(x_n), & x = x_n \\ 0, & x \overline{\in} \{x_1, x_2, \cdots, x_n\} \text{且} x \in \mathbf{R} \end{cases}$$

称为清晰数, 简称清晰数 [1-9], 其中, n 称为 $\varphi(x)$ 的阶数, 也说 $\varphi(x)$ 是 n 阶清晰数, $\varphi(x_i)$ 称为 x_i 的隶属度 $(i = 1, 2, \cdots, n)$, 而 $\sum\limits_{i=1}^{n} \varphi(x_i)$ 称为 $\varphi(x)$ 的隶属度, 特别指出 $0 \leqslant \varphi(x_i) \leqslant 1$, 而 $0 \leqslant \sum\limits_{i=1}^{n} \varphi(x_i) = \sum\limits_{i=1}^{n} \alpha_i = \alpha < +\infty$, 当 $n = 1$ 时,

$$\varphi(x) = \begin{cases} \varphi(x_1), & x = x_1 \\ 0, & x \overline{\in} \{x_1\} \text{且} x \in \mathbf{R} \end{cases}$$

是一阶清晰数. 特别当

$$\varphi(x) = \begin{cases} \varphi(x_1) = 1, & x = x_1 \\ 0, & x \overline{\in} \{x_1\} \text{且} x \in \mathbf{R} \end{cases}$$

时, 清晰数 $\varphi(x)$ 就用实数 x_1 表示, 从而可以看出清晰数是实数的推广, 实数是清晰数的特例.

为了书写方便, 将清晰数 $\varphi(x)$ 记为 $A = [[x_1, x_n], \varphi(x)]$, 这里 $x_1 < x_2 < \cdots < x_n$, 称 $\alpha, [x_1, x_n], \varphi(x)$ 分别为清晰数的总隶属度 (可信度)、取值区间、可信度密度函数 (简称密度函数).

定义 4.6.2 设清晰数 A(见定义 4.6.1), 函数

$$F(x) = \begin{cases} 0, & x < x_1 \\ \alpha_1 + \alpha_2 + \cdots + \alpha_i, & x_i \leqslant x < x_{i+1}(i = 1, 2, \cdots, n-1) \\ \alpha, & x \geqslant x_n \end{cases}$$

称为清晰数 A 的可信度分布函数, 简称分布函数.

由定义 4.6.1 知清晰数的密度函数在 $(-\infty, +\infty)$ 上有有限个非零点, 由定义 4.6.2 知清晰数的分布函数在 $(-\infty, +\infty)$ 上是一个有有限个第一类间断点右连续阶梯函数, 其图像如图 4.1 所示.

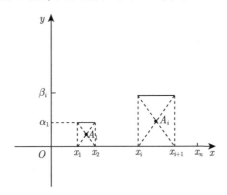

图 4.1 清晰数的分布函数

由定义 4.6.1 知当已知某清晰数的密度函数时, 它的分布函数易求出; 反之, 若给出清晰数的分布函数如何求出它的密度函数呢? 显然它们有相同的取值区间且

$$\varphi(x_1) = F(x_1)$$

$$\varphi(x_i) = F(x_i) - F(x_{i-1}) \ (i = 1, 2, \cdots, n)$$

从而可求得 $\varphi(x_1), \varphi(x_2), \cdots, \varphi(x_n)$, 又知当 $x \notin \{x_1, x_2, \cdots, x_n\}$ 时, $\varphi(x) \equiv$

0, 这样就求出密度函数 $\varphi(x)$.

已知一清晰有理数的分布函数 $F(x)$, 求它的密度函数 $\varphi(x)$.

例 4.6.1   其中

$$
F(x) = \begin{cases}
0, & x < 0.1 \\
\dfrac{1}{5}, & 0.1 \leqslant x < 0.2 \\
\dfrac{3}{5}, & 0.2 \leqslant x < 0.5 \\
\dfrac{4}{5}, & 0.5 \leqslant x < 9 \\
1, & x \geqslant 9
\end{cases}
$$

解 $F(x)$ 的间断点为

$$
x_1 = 0.1, \quad x_2 = 0.2, \quad x_3 = 0.5, \quad x_4 = 9
$$

所以

$$
\varphi(0.1) = F(0.1) = \frac{1}{5}
$$

$$
\varphi(0.2) = F(0.2) - F(0.1) = \frac{3}{5} - \frac{1}{5} = \frac{2}{5}
$$

$$
\varphi(0.5) = F(0.5) - F(0.2) = \frac{4}{5} - \frac{3}{5} = \frac{1}{5}
$$

$$
\varphi(9) = F(9) - F(0.5) = 1 - \frac{4}{5} = \frac{1}{5}
$$

这样就求得清晰数 $A = [[0.1, 9], \varphi(x)]$ 的密度函数

$$
\varphi(x) = \begin{cases}
\dfrac{1}{5}, & x = 0.1 \\
\dfrac{2}{5}, & x = 0.2 \\
\dfrac{1}{5}, & x = 0.5 \\
\dfrac{1}{5}, & x = 9 \\
0, & x \overline{\in} \{0.1, 0.2, 0.5, 9\}, \quad \text{且} x \in \mathbf{R}
\end{cases}
$$

4.6.2 清晰数的大小

定义 4.6.3 清晰数 A 的分布函数 $F(x)$ 的图像与 $y = 0$、分点 $x_1, x_2, \cdots, x_n$ 分割成 $n-1$ 个矩形, 这 $n-1$ 个矩形的中心组成的质点系的质心称为清晰数 A 的心, 记为 $C_A(\bar{x}, \bar{y})$.

定理 4.6.1 清晰数 A 的心的坐标为

$$\bar{x} = \frac{\displaystyle\sum_{k=1}^{n-1}\left[(x_{i+1}^2 - x_1^2)\sum_{t=1}^{i}\alpha_t\right]}{2\displaystyle\sum_{i=1}^{n-1}\left[(x_{i+1} - x_i)\sum_{t=1}^{i}\alpha_t\right]}$$

$$\bar{y} = \frac{\displaystyle\sum_{i=1}^{n-1}(x_{i+1} - x_i)\left(\sum_{t=1}^{i}\alpha_t\right)^2}{2\displaystyle\sum_{i=1}^{n-1}(x_{i+1} - x_i)\sum_{t=1}^{i}\alpha_t} \tag{4.1}$$

证明 如图 4.1 所示.

由清晰数 A 的分布函数的图像知第 i 个矩形的中心 A_i 的坐标为

$$\left(\frac{x_i + x_{i+1}}{2}, \frac{\displaystyle\sum_{t=1}^{i}\alpha_t}{2}\right)$$

第 i 个矩形的质量为 $m_i = (x_{i+1} - x_i)\displaystyle\sum_{t=1}^{i}\alpha_t\rho$($\rho$ 为密度函数, 可设为常数),

这 $n-1$ 个质点组成的质点系总质量为 $M = \displaystyle\sum_{i=1}^{n-1}\left[(x_{i+1} - x_i)\sum_{t=1}^{i}\alpha_t\rho\right]$,

质点系对 y 轴的静矩 $M_y = \displaystyle\sum_{i=1}^{n-1}m_i\frac{x_{i+1} + x_i}{2} = \frac{\displaystyle\sum_{i=1}^{n-1}\left[(x_{i+1}^2 - x_i^2)\sum_{t=1}^{i}\alpha_t\right]\rho}{2}$

质点系对 x 轴的静矩 $M_x = \sum_{i=1}^{n-1} m_i \dfrac{\sum_{t=1}^{i} \alpha_t}{2} = \dfrac{\sum_{i=1}^{n-1}\left[(x_{i+1}-x_i)\left(\sum_{t=1}^{i}\alpha_t\right)^2\right]\rho}{2}$

所以质点系的质心即清晰数 A 的心的坐标为

$$\bar{x} = \frac{\sum_{k=1}^{n-1}\left[(x_{i+1}^2-x_1^2)\sum_{t=1}^{i}\alpha_t\right]}{2\sum_{i=1}^{n-1}\left[(x_{i+1}-x_i)\sum_{t=1}^{i}\alpha_t\right]}$$

$$\bar{y} = \frac{\sum_{i=1}^{n-1}(x_{i+1}-x_i)\left(\sum_{t=1}^{i}\alpha_t\right)^2}{2\sum_{i=1}^{n-1}(x_{i+1}-x_i)\sum_{t=1}^{i}\alpha_t}$$

例 4.6.2 求清晰数 A 的心, 其中

$$A = [[-1,1],\varphi(x)]$$

$$\varphi(x) = \begin{cases} \dfrac{1}{6}, & x=-1 \\[2mm] \dfrac{2}{3}, & x=0 \\[2mm] \dfrac{1}{6}, & x=1 \\[2mm] 0, & x\overline{\in}\{-1,0,1\}\text{且}x\in\mathbf{R} \end{cases}$$

解 清晰数 A 的分布函数为

$$F(x) = \begin{cases} 0, & x<-1 \\[2mm] \dfrac{1}{6}, & -1\leqslant x<0 \\[2mm] \dfrac{5}{6}, & 0\leqslant x<1 \\[2mm] 1, & x\geqslant 1 \end{cases}$$

由公式 (4.1) 知

$$\bar{x} = \frac{\sum\limits_{k=1}^{n-1}\left[(x_{i+1}^2 - x_1^2)\sum\limits_{t=1}^{i}\alpha_t\right]}{2\sum\limits_{i=1}^{n-1}\left[(x_{i+1}-x_i)\sum\limits_{t=1}^{i}\alpha_t\right]} = \frac{\frac{1}{6}(0-1)+\frac{5}{6}(1-0)}{2\left(\frac{1}{6}+\frac{5}{6}\right)} = \frac{1}{3}$$

$$\bar{y} = \frac{\sum\limits_{i=1}^{n-1}(x_{i+1}-x_i)\left(\sum\limits_{t=1}^{i}\alpha_t\right)^2}{2\sum\limits_{i=1}^{n-1}(x_{i+1}-x_i)\sum\limits_{t=1}^{i}\alpha_t} = \frac{\left(\frac{1}{6}\right)^2+\left(\frac{5}{6}\right)^2}{2} = \frac{13}{36}$$

所以清晰数 A 的心 $C_A(\bar{x}_A, \bar{y}_A) = \left(\frac{1}{3}, \frac{13}{36}\right)$.

定义 4.6.4 设清晰数 A, B 的心分别为

$$C_A(\bar{x}_A, \bar{y}_A), \quad C_B(\bar{x}_B, \bar{y}_B)$$

(1) 若 $\bar{x}_A > \bar{x}_B$, 则称 A 大于 B, 记为 $A > B$;

(2) 若 $\bar{x}_A = \bar{x}_B, \bar{y}_A > \bar{y}_B$, 则称 A 大于 B;

(3) 若 $\bar{x}_A = \bar{x}_B, \bar{y}_A = \bar{y}_B$, 则称 A 与 B 同心.

例 4.6.3 比较清晰数 A 与 B 的大小, 其中

$$A = [[-1,1], \varphi(x)]$$

$$\varphi(x) = \begin{cases} \frac{1}{6}, & x = -1 \\ \frac{2}{3}, & x = 0 \\ \frac{1}{6}, & x = 1 \\ 0, & x \bar{\in} \{-1,0,1\}\text{且}x \in \mathbf{R} \end{cases}$$

$$B = [[1,3], \psi(x)]$$

$$\psi(x) = \begin{cases} \dfrac{1}{3}, & x = 1 \\ \dfrac{1}{2}, & x = 2 \\ \dfrac{1}{6}, & x = 3 \\ 0, & x\overline{\in}\{1,2,3\} \text{ 且} x \in \mathbf{R} \end{cases}$$

解 清晰数 B 的分布函数为

$$F(x) = \begin{cases} 0, & x < 1 \\ \dfrac{1}{3}, & 1 \leqslant x < 2 \\ \dfrac{5}{6}, & 2 \leqslant x < 3 \\ 1, & x \geqslant 3 \end{cases}$$

由公式 (4.1) 知, 清晰数 B 的心的坐标为

$$C(\overline{x}_B, \overline{y}_B) = \left(\frac{29}{84}, \frac{31}{14}\right)$$

由例 4.6.2 知清晰数 A 的心的坐标为

$$C(\overline{x}_A, \overline{y}_B) = \left(\frac{1}{3}, \frac{13}{36}\right)$$

$$\overline{x_B} > \overline{x_A}$$

所以 $B > A$.

这样我们就定义了清晰数的大小, 这在清晰数的应用中有着重要的意义.

第 5 章 清晰综合评判范例

模糊集理论应用的三个主要方面, 即模糊聚类分析、模糊模型识别和模糊综合评判. 本章着重证明模糊综合评判的有关评判方法是错误的, 这些方法经常出现在有关论文中, 作者和读者却不知道方法是错误的, 结论也是不对的.

现实生活中, 由于反映事物具有多因素性, 经常遇到对事物作出综合评判的问题. 例如, 采购一件商品, 一般说来采购者要从价格、性能、式样诸因素来综合评价各种牌子的产品, 最后权衡各因素选定某种比较满意的商品. 这就是综合评判问题.

5.1 模糊综合评判的错误

例 5.1.1 服装的综合评判.

设因素集 $U = \{$ 花色式样 u_1, 耐穿程度 u_2, 价格费用 $u_3\}$, 评语集 $V = \{$ 很欢迎 v_1, 较欢迎 v_2, 不太欢迎 v_3, 不欢迎 $v_4\}$.

请顾客填写如下调查表 (表 5.1).

表 5.1 服装情况调查表

评语 因素	很欢迎 v_1	较欢迎 v_2	不太欢迎 v_3	不欢迎 v_4
花色式样 u_1				
耐穿程度 u_2				
价格费用 u_3				

若某顾客对 u_i 的评语为 v_j, 则在表 5.1 中 u_i 与 v_j 相交叉的方格上写上 "1", 其余的部分也如此填写.

设对 u_1, 有 20% 的顾客表示 "很欢迎", 70% 的顾客表示 "较欢迎", 10% 的顾客表示 "不太欢迎", 没有人表示 "不欢迎", 则 u_1 的单因素评判向量为

$$R_1 = (0.2, 0.7, 0.1, 0)$$

同理对 u_2, u_3 分别作单因素评判, 设分别得到

$$R_2 = (0, 0.4, 0.5, 0.1)$$

$$R_3 = (0.2, 0.3, 0.4, 0.1)$$

于是单因素评判矩阵为

$$R = \begin{bmatrix} 0.2 & 0.7 & 0.1 & 0 \\ 0 & 0.4 & 0.5 & 0.1 \\ 0.2 & 0.3 & 0.4 & 0.1 \end{bmatrix}$$

不同的顾客由于职业、性别、年龄、爱好、经济条件等不同, 对服装的三个因素所赋予的权重也不同. 设某类顾客对花色式样赋予权数为 0.2, 对耐穿程度赋予权数为 0.5, 对价格费用赋予权数为 0.3, 这时, $A = (0.2, 0.5, 0.3)$.

因而, 当 "∘" 取为 "·, +" 时,

$$B = A \circ R = (0.2, 0.5, 0.3) \circ \begin{bmatrix} 0.2 & 0.7 & 0.1 & 0 \\ 0 & 0.4 & 0.5 & 0.1 \\ 0.2 & 0.3 & 0.4 & 0.1 \end{bmatrix}$$

$$= (0.1, 0.43, 0.39, 0.08)$$

即对持权重向量为 A 的一类顾客对这种服装的综合评判结果.

在这里我们指出, 不论单因素评判向量和单因素评判矩阵以及综合评判结果 $B = (0.1, 0.43, 0.39, 0.08)$ 都有一个共同点: 单因素评判向量各分量之和、单因素评判矩阵各行的所有数字之和, 评判结果这个向量 B 各个分量分量之和都等于 1, 这个 1 是什么意思呢? 实指参加评判的人

都表了态, 而且只对评语集中一个表示认同. 例如, 参加人数为 100, 设对 u_1, 有 20% 的顾客表示 "很欢迎", 那么一定有 20 个人对 u_1 很欢迎, 而且对其他评语不认同, 而且对各个评语认同的人数加起来一定为 100. 若某评判向量 (0.2, 0.3, 0.4, 0), 各分量之和 0.2+0.3+0.4+0=0.9<1, 说明有 10% 人没表态, 这就不能称为 100 人的评判了. 若某评判向量 (0.5, 0.3, 0.1, 0.2) 之和 0.5+0.3+0.1+0.2=1.1>1, 说明 100 人中其中有人不仅是对一种表态认可, 而有对多于一种评语同时认可, 这后两种都不是人们所考虑的评判, 因此, 给出如下定义.

定义 5.1.1　　设矩阵

$$R = \begin{bmatrix} r_{11} & r_{12} & \cdots & r_{1m} \\ r_{21} & r_{22} & \cdots & r_{2m} \\ r_{n1} & r_{n2} & \cdots & r_{nm} \end{bmatrix}_{n \times m}$$

满足:

(1) $1 \geqslant r_{ij} \geqslant 0$;

(2) $\displaystyle\sum_{j=1}^{m} r_{ij} = 1$,

则称 R 为单因素评判矩阵, 简称评判矩阵. 当 $n=1$ 时评判矩阵 $R = [r_{11}, r_{12}, \cdots, r_{1m}]$ 也叫单因素评判向量, 也可表示为 $(r_{11}, r_{12}, \cdots, r_{1m})$, 且称为一个综合评判.

例 5.1.2　　设 $R =(0.2, 0.3, 0.5)$, 则因为 0.2+0.3+0.5=1, 所以按定义 R 是一个综合评判.

例 5.1.3　　设 $R =(0.5, 0.3, 0.1)$, 则因为 0.5+0.3+0.1=0.9<1, 所以 R 不是综合评判.

例 5.1.4　　设 $R =(0.6, 0, 0.5)$, 则因为 0.6+0+0.5=1.1>1, 所以 R 不是综合评判.

定理 5.1.1　设 $A = (\alpha_1, \alpha_2, \cdots, \alpha_n)$ 是权重向量,

$$R = \begin{bmatrix} r_{11} & r_{12} & \cdots & r_{1m} \\ \vdots & \vdots & & \vdots \\ r_{n1} & r_{n2} & \cdots & r_{nm} \end{bmatrix}$$

是单因素评判矩阵.

$$B = A \circ R = [b_1, b_2, \cdots, b_m]$$

为加权平均所得的评判, 则

$$\sum_{i=1}^{m} b_i = 1$$

证明　因为

$$b_1 = \alpha_1 r_{11} + \alpha_2 r_{21} + \cdots + \alpha_n r_{n1}$$
$$b_2 = \alpha_1 r_{12} + \alpha_2 r_{22} + \cdots + \alpha_n r_{n2}$$
$$\cdots\cdots$$
$$b_m = \alpha_1 r_{1m} + \alpha_2 r_{2m} + \cdots + \alpha_n r_{nm}$$

所以

$$b_1 + b_2 + \cdots + b_m$$
$$= \alpha_1(r_{11} + r_{12} + \cdots + r_{1m}) + \alpha_2(r_{21} + r_{22} + \cdots + r_{2m}) + \cdots$$
$$+ \alpha_n(r_{n1} + r_{n2} + \cdots + r_{nm})$$
$$= \alpha_1 + \alpha_2 + \cdots + \alpha_n = 1$$

即

$$\sum_{i=1}^{m} b_i = 1$$

定理 5.1.2　若 R_1 和 R_2 都是单因素评判矩阵, 则 R_1 与 R_2 的矩阵积 $R_1 \cdot R_2$ 也是单因素评判矩阵.

证明略.

例 5.1.5 举例分析: 建筑结构中某一部件, 要以样式、可靠度、价格三个方面评判其可用性. 请两位专家填写表 5.2.

表5.2   建筑部件调查表

分数 评语 因素	可用 [60,100]	不可用 [0,60]
样式 A_1	1	0
可靠度 A_2	0	1
价格 A_3	0	1

设专家认定因为可靠度和价格最重要, 而样式无所谓, 于是它们的权重设为 $\frac{1}{2}, \frac{1}{2}, 0$, 故按照模糊综合评判中的 "∘" 取 "∨, ∧" 和取 "·, +" 其评判结果:

$$B = A \circ R = \left(0, \frac{1}{2}, \frac{1}{2}\right) \circ \begin{bmatrix} 1 & 0 \\ 0 & 1 \\ 0 & 1 \end{bmatrix}$$

$$= \left(0, \frac{1}{2}\right)$$

B 说明, 这个部件属于可用的程度是 0, 即不可用. 但它属于不可用的程度为 $\frac{1}{2}$, 即半不可用. 但既然不可用, 就应该是属于不可用的程度不是 $\frac{1}{2}$ 而应该是 1, 可见模糊综合评判在这里出现不可理解. 若再 "∘" 取 "·, +", 则得

$$B' = A \circ R = \left(0, \frac{1}{2}, \frac{1}{2}\right) \circ \begin{bmatrix} 1 & 0 \\ 0 & 1 \\ 0 & 1 \end{bmatrix}$$

$$= (0, 1)$$

B' 说明综合二位专家的意见, 这个部件属于可用的程度为 0, 即不可用, 属于不可用的程度为 1, 即百分之百不可用.

在例 5.1.1 的服装的综合评判中, 实际上用的是经典的加权平均法, 在那里只要给出权重向量 $A = (0.2, 0.5, 0.3)$, 则求得 B 一定得是取 "。" 为 "·, +":

$$B = A \circ R = (0.2, 0.5, 0.3) \circ \begin{bmatrix} 0.2 & 0.7 & 0.1 & 0 \\ 0 & 0.4 & 0.5 & 0.1 \\ 0.2 & 0.3 & 0.4 & 0.1 \end{bmatrix}$$

$$= (0.1, 0.43, 0.39, 0.08)$$

若取 "。" 为 "∨, ∧" 或其他任何模糊关系矩阵的合成公式都是不合情理的, 这就像一个人自己说要向东, 但走向西一样不合情理. 所以, 凡是在给出权重向量 A 时, 那就意味着算 "。" 一定是 "·, +", 再也不能是别的什么. 那么为什么在模糊综合评判中会出现那么多种方法呢? 当初提出者 L. A. Zadeh 把权重向量 A 理解为一个模糊关系矩阵, 而 R 也理解为模糊关系矩阵, 于是把 $A \circ R$ 理解为模糊关系的合成, 把他所想的模糊关系矩阵的合成公式都搬了进来, 就出现了那么多模糊综合评判方法. 2006 年他证明了:

$$(\underset{\sim}{R_1} \circ \underset{\sim}{R_2})(x, z) \triangleq \underset{y \in Y}{s}\, t(\underset{\sim}{R_1}(x, y), \underset{\sim}{R_2}(y, z))$$

其中 s 表示任一 s-范数, t 表示任一 t-范数, 也不是总可信时, 那么模糊综合评判中的那么多 s-t 式的公式也就更应该都被否定了, 而唯有 "·, +" 应该保留, 而 "·, +" 不是 s-t 形的合成公式, 因为 s 取为 "+" 时, 则 $s(1, 1) = 1 \neq +(1, 1) = 1 + 1 = 2$, 从这里看出, 模糊综合评判中出现的那么多 s-t 形公式都应否定, 唯一加权平均公式 "·, +" 不是 s-t 式的应当保留. 不幸中的大幸是模糊数学能把 "·, +" 保留下来, 否则模糊综合评判成了什么样子.

5.2 清晰数的可信度、均值

5.2.1 清晰数可信度的概念

定义 5.2.1 清晰数

$$\underline{A}(x) = \begin{cases} \underline{A}(x_1), & x = x_1 \\ \underline{A}(x_2), & x = x_2 \\ \cdots\cdots \\ \underline{A}(x_n), & x = x_n \\ 0, & x\overline{\in}\{x_1, x_2, \cdots, x_n\}且x \in \mathbf{R} \end{cases}$$

$D \in \mathbf{R}$, 则 $\underline{A}(x)$ 大于等于实数 D 的可信度

$$P(\underline{A}(x) \geqslant D) = \sum_{j(x_j \geqslant D)} \underline{A}(x_j) \Big/ \sum_{i=1}^{n} \underline{A}(x_i)$$

例 5.2.1 已知清晰数

$$\underline{C}(x) = \begin{cases} \dfrac{8}{17}, & x = -1 \\ \dfrac{9}{17}, & x = 1 \\ 0, & x\overline{\in}\{-1, 1\}且x \in \mathbf{R} \end{cases}$$

求 $\underline{C}(x) \geqslant 0$ 的可信度.

解

$$P(\underline{C}(x) \geqslant 0) = \frac{9}{17} \Big/ \left(\frac{8}{17} + \frac{9}{17}\right) = \frac{9}{17} \div \frac{17}{17} = \frac{9}{17}$$

关于 $P(\underline{A}(x) > D)$, $P(\underline{A}(x) \leqslant D)$, $P(\underline{A}(x) < D)$ 可类似给出.

定义 5.2.2　清晰数

$$\underline{A}(x) = \begin{cases} \underline{A}(x_1), & x = x_1 \\ \underline{A}(x_2), & x = x_2 \\ \cdots\cdots \\ \underline{A}(x_n), & x = x_n \\ 0, & x\overline{\in}\{x_1, x_2, \cdots, x_n\}\text{且}x \in \mathbf{R} \end{cases}$$

$D \in \mathbf{R}$, 则 $\underline{A}(x)$ 大于等于实数 D 的绝对可信度为

$$\overline{P}(A(x) \geqslant D) = \frac{\sum\limits_{j(x_j \geqslant D)} \underline{A}(x_j)}{n}$$

定理 5.2.1　清晰数

$$\underline{A}(x) = \begin{cases} \underline{A}(x_1), & x = x_1 \\ \underline{A}(x_2), & x = x_2 \\ \cdots\cdots \\ \underline{A}(x_n), & x = x_n \\ 0, & x\overline{\in}\{x_1, x_2, \cdots, x_n\}\text{且}x \in \mathbf{R} \end{cases}$$

$D \in \mathbf{R}$, 则 $P(\underline{A}(x) \geqslant D) \geqslant \overline{P}(\underline{A}(x) \geqslant D)$.

证明　因为 $\underline{A}(x_i) \leqslant 1 (i = 1, 2, \cdots, n)$, 所以

$$P(\underline{A}(x) \geqslant D) = \sum_{j(x_j \geqslant D)} \underline{A}(x_j) \bigg/ \sum_{i=1}^{n} A(x_i)$$

$$\geqslant \sum_{j(x_j \geqslant D)} \underline{A}(x_j) \bigg/ \sum_{i=1}^{n} \underline{A}(x_i) \times \frac{\sum\limits_{i=1}^{n} \underline{A}(x_i)}{n}$$

$$= \sum_{j(x_j \geqslant D)} \underline{A}(x_j) / n = \overline{P}(\underline{A}(x) \geqslant D)$$

　　绝对可信度是就所有专家的态度说的, 而可信度仅就表态赞成的专家的态度说的. 应用中也有考虑绝对可信度的必要.

5.2.2 清晰数的均值及性质

1. 清晰数的均值

定义 5.2.3 设 $\underline{A}(x)$ 为 n 阶清晰数, 可以表示为

$$\underline{A}(x) = \begin{cases} \underline{A}(x_1), & x = x_1 \\ \underline{A}(x_2), & x = x_2 \\ \cdots\cdots \\ \underline{A}(x_n), & x = x_n \\ 0, & x \overline{\in} \{x_1, x_2, \cdots, x_n\} \text{且} x \in \mathbf{R} \end{cases}$$

称实数

$$E(\underline{A}(x)) = \frac{\displaystyle\sum_{i=1}^{n} x_i \underline{A}(x_i)}{\displaystyle\sum_{i=1}^{n} \underline{A}(x_i)}$$

为清晰数的均值.

说明 (1) 当 $\underline{A}(x_i) = 1$ $(i = 1, 2, \cdots, n)$ 时, 求清晰数 $\underline{A}(x)$ 的均值的过程就可以看成是实数求平均值的过程. 这时 $\displaystyle\sum_{i=1}^{n} \underline{A}(x_i) = 1 \times n = n$, $\displaystyle\sum_{i=1}^{n} x_i \underline{A}(x_i) = \sum_{i=1}^{n} x_i$, $E(\underline{A}(x)) = \dfrac{\displaystyle\sum_{i=1}^{n} x_i}{n}$ $(i = 1, 2, \cdots, n)$. 由此也可说明, 实数的平均值是清晰数的均值的特例, 清晰数的均值是实数平均值的推广.

(2) 当 $\displaystyle\sum_{i=1}^{n} \underline{A}(x_i) = 1$ $(i = 1, 2, \cdots, n)$ 时, 清晰数 $\underline{A}(x)$ 可以看作为离散型随机变量的分布密度函数. 根据概率论中期望的公式 $E(X) = \displaystyle\sum_{i=1}^{n} x_k \times P_k$, 可得期望为 $E(\underline{A}(x)) = \displaystyle\sum_{i=1}^{n} x_i \times \underline{A}(x_i)$, 这与当 $\displaystyle\sum_{i=1}^{n} \underline{A}(x_i) = 1$ $(i = 1, 2, \cdots, n)$ 时, 清晰数 $\underline{A}(x)$ 的均值是相同的. 在此意义下, 也可以看出清晰数的均值是概率论中期望的推广.

(3) 为了便于实际工程中的应用, 清晰数学中规定清晰数 $\underline{A}(x)$ 的均值为实数, 这样便于在综合评判中应用时的数值比较.

例 5.2.2　设清晰数 $\underline{A}(x)$

$$\underline{A}(x) = \begin{cases} \dfrac{2}{3}, & x = 1 \\[2mm] \dfrac{3}{5}, & x = 2 \\[2mm] \dfrac{3}{4}, & x = 4 \\[2mm] \dfrac{5}{6}, & x = 5 \\[2mm] 0, & x \overline{\in} \{1,\,2,\,4,\,5\} \text{且} x \in \mathbf{R} \end{cases}$$

求 $E(\underline{A}(x))$.

解　根据清晰数的均值的定义可得

$$E(\underline{A}(x)) = \dfrac{\displaystyle\sum_{i=1}^{n} x_i \underline{A}(x_i)}{\displaystyle\sum_{i=1}^{n} \underline{A}(x_i)}$$

$$= \dfrac{1 \times 2/3 + 2 \times 3/5 + 4 \times 3/4 + 5 \times 5/6}{2/3 + 3/5 + 3/4 + 5/6}$$

$$= 3.17$$

例 5.2.3　设清晰数为

$$\underline{A}(x) = \begin{cases} \dfrac{1}{2}, & x = 2 \\[2mm] \dfrac{1}{3}, & x = 3 \\[2mm] \dfrac{1}{6}, & x = 5 \\[2mm] 0, & x \overline{\in} \{2,\,3,\,5\} \text{且} x \in \mathbf{R} \end{cases}$$

求 $E(\underline{A}(x))$.

解 根据清晰数的均值的定义可得

$$E(\underline{A}(x)) = \frac{\sum\limits_{i=1}^{n} x_i \underline{A}(x_i)}{\sum\limits_{i=1}^{n} \underline{A}(x_i)}$$

$$= \frac{2 \times 1/2 + 3 \times 1/3 + 5 \times 1/6}{1/2 + 1/3 + 1/6}$$

$$= 2.83$$

2. 清晰数的均值的性质

性质 5.2.1 $E(\underline{A}(x) + \underline{B}(x)) = E(\underline{A}(x)) + E(\underline{B}(x)).$

证明 设 $\underline{A}(x)$ 为 n 阶清晰数, $\underline{B}(x)$ 为 m 阶清晰数

$$\underline{A}(x) = \begin{cases} \underline{A}(x_1), & x = x_1 \\ \underline{A}(x_2), & x = x_2 \\ \cdots\cdots \\ \underline{A}(x_n), & x = x_n \\ 0, & x\overline{\in}\{x_1, x_2, \cdots, x_n\}且x \in \mathbf{R} \end{cases}$$

$$\underline{B}(x) = \begin{cases} \underline{B}(y_1), & x = y_1 \\ \underline{B}(y_2), & x = x_2 \\ \cdots\cdots \\ \underline{B}(y_m), & x = y_m \\ 0, & x\overline{\in}\{y_1, y_2, \cdots, y_m\}且x \in \mathbf{R} \end{cases}$$

根据清晰数的加法运算法则, 可得清晰数中的可能值为 $x_i + y_j$, $x_i + y_j$ 相应的隶属度为 $\underline{A}(x_i) \times \underline{B}(y_j)$. 根据清晰数均值的定义得

$$E(\underline{A}(x) + \underline{B}(x)) = \frac{\sum\limits_{j=1}^{m}\sum\limits_{i=1}^{n} \underline{A}(x_i)\underline{B}(y_j)(x_i + y_j)}{\sum\limits_{j=1}^{m}\sum\limits_{i=1}^{n} \underline{A}(x_i)\underline{B}(y_j)}$$

再根据清晰数均值的定义得

$$E(\underline{A}(x)) = \frac{\sum\limits_{i=1}^{n} \underline{A}(x_i)x_i}{\sum\limits_{i=1}^{n} \underline{A}(x_i)}, \quad E(\underline{B}(x)) = \frac{\sum\limits_{j=1}^{m} \underline{B}(y_j)y_j}{\sum\limits_{j=1}^{m} \underline{B}(y_j)}$$

$$E(\underline{A}(x)) + E(\underline{B}(x)) = \frac{\sum\limits_{i=1}^{n} \underline{A}(x_i)x_i}{\sum\limits_{i=1}^{n} \underline{A}(x_i)} + \frac{\sum\limits_{j=1}^{m} \underline{B}(y_j)y_j}{\sum\limits_{j=1}^{m} \underline{B}(y_j)}$$

$$= \frac{\sum\limits_{i=1}^{n} \underline{A}(x_i)x_i \sum\limits_{j=1}^{m} \underline{B}(y_j) + \sum\limits_{i=1}^{n} \underline{A}(x_i) \sum\limits_{j=1}^{m} \underline{B}(y_j)y_j}{\sum\limits_{i=1}^{n} \underline{A}(x_i) \sum\limits_{j=1}^{m} \underline{B}(y_j)}$$

$$= \frac{\sum\limits_{i=1}^{n} \sum\limits_{j=1}^{m} (\underline{A}(x_i)x_i \cdot \underline{B}(y_j) + \underline{A}(x_i)\underline{B}(y_j)y_j)}{\sum\limits_{j=1}^{m} \sum\limits_{i=1}^{n} \underline{A}(x_i)\underline{B}(y_j)}$$

$$= \frac{\sum\limits_{j=1}^{m} \sum\limits_{i=1}^{n} \underline{A}(x_i)\underline{B}(y_j)(x_i + y_j)}{\sum\limits_{j=1}^{m} \sum\limits_{i=1}^{n} \underline{A}(x_i)\underline{B}(y_j)}$$

又左边 = 右边, 所以 $E(\underline{A}(x) + \underline{B}(x)) = E(\underline{A}(x)) + E(\underline{B}(x))$.

性质 5.2.2　$E(\underline{A}(x)\underline{B}(x)) = E(\underline{A}(x))E(\underline{B}(x))$.

证明　设 $\underline{A}(x)$ 为 n 阶清晰数, $\underline{B}(x)$ 为 m 阶清晰数

$$\underline{A}(x) = \begin{cases} \underline{A}(x_1), & x = x_1 \\ \underline{A}(x_2), & x = x_2 \\ \cdots\cdots \\ \underline{A}(x_n), & x = x_n \\ 0, & x \overline{\in} \{x_1, x_2, \cdots, x_n\} \text{且} x \in \mathbf{R} \end{cases}$$

$$\underline{B}(x) = \begin{cases} \underline{B}(y_1), & x = y_1 \\ \underline{B}(y_2), & x = y_2 \\ \cdots\cdots \\ \underline{B}(y_m), & x = y_m \\ 0, & x\overline{\in}\{y_1,\, y_2,\, \cdots,\, y_m\} \text{且} x \in \mathbf{R} \end{cases}$$

根据清晰数乘法的运算法则可得 $\underline{A}(x) \times \underline{B}(x)$ 中的可能值为 $x_i \times y_j,\, x_i \times y_j$ 对应的隶属度为 $\underline{A}(x_i) \times \underline{B}(y_j)$, 根据清晰数的均值定义可得

$$E(\underline{A}(x) \cdot \underline{B}(x)) = \frac{\displaystyle\sum_{j=1}^{m}\sum_{i=1}^{n} \underline{A}(x_i) \cdot \underline{B}(y_j) x_i \cdot y_j}{\displaystyle\sum_{j=1}^{m}\sum_{i=1}^{n} \underline{A}(x_i)\underline{B}(y_j)}$$

根据清晰数的均值定义可得

$$E(\underline{A}(x)) = \frac{\displaystyle\sum_{i=1}^{n} \underline{A}(x_i)x_i}{\displaystyle\sum_{i=1}^{n} \underline{A}(x_i)}, \quad E(\underline{B}(x)) = \frac{\displaystyle\sum_{j=1}^{m} \underline{B}(y_j)y_j}{\displaystyle\sum_{j=1}^{m} \underline{B}(y_j)}$$

$$\begin{aligned} E(\underline{A}(x)) \times E(\underline{B}(x)) &= \frac{\displaystyle\sum_{i=1}^{n} \underline{A}(x_i) \cdot x_i \cdot \sum_{j=1}^{m} \underline{B}(y_j)y_j}{\displaystyle\sum_{i=1}^{n} \underline{A}(x_i) \sum_{j=1}^{m} \underline{B}(y_j)} \\ &= \frac{\displaystyle\sum_{j=1}^{m}\sum_{i=1}^{n} \underline{A}(x_i) \cdot \underline{B}(y_j)x_i \cdot y_j}{\displaystyle\sum_{j=1}^{m}\sum_{i=1}^{n} \underline{A}(x_i)\underline{B}(y_j)} \end{aligned}$$

又因为左边 = 右边, 所以 $E(\underline{A}(x)\underline{B}(x)) = E(\underline{A}(x))E(\underline{B}(x))$.

性质 5.2.3 $E(a\underline{A}(x) + b) = aE(\underline{A}(x)) + b$.

证明   设 $\underline{A}(x)$ 为 n 阶清晰数, 实数 a, b 可以表示成清晰数为

$$\underline{A}(x) = \begin{cases} \underline{A}(x_1), & x = x_1 \\ \underline{A}(x_2), & x = x_2 \\ \cdots\cdots \\ \underline{A}(x_n), & x = x_n \\ 0, & x\overline{\in}\{x_1, x_2, \cdots, x_n\}且x \in \mathbf{R} \end{cases}$$

$$a = \begin{cases} 1, & x = a \\ 0, & x\overline{\in}\{a\}且x \in \mathbf{R} \end{cases}$$

$$b = \begin{cases} 1, & x = b \\ 0, & x\overline{\in}\{b\}且x \in \mathbf{R} \end{cases}$$

根据清晰数乘法的运算法则可得

$$a\underline{A}(x) = \begin{cases} \underline{A}(x_1), & x = ax_1 \\ \underline{A}(x_2), & x = ax_2 \\ \cdots\cdots \\ \underline{A}(x_n), & x = ax_n \\ 0, & x\overline{\in}\{ax_1, ax_2, \cdots, ax_n\}且x \in \mathbf{R} \end{cases}$$

$$a\underline{A}(x) + b = \begin{cases} \underline{A}(x_1), & x = ax_1 + b \\ \underline{A}(x_2), & x = ax_2 + b \\ \cdots\cdots \\ \underline{A}(x_n), & x = ax_n + b \\ 0, & x\overline{\in}\{ax_1 + b, ax_2 + b, \cdots, ax_n + b\}且x \in \mathbf{R} \end{cases}$$

$$E(a\underline{A}(x) + b) = \frac{\sum_{i=1}^{n}\underline{A}(x_i)(ax_i + b)}{\sum_{i=1}^{n}\underline{A}(x_i)}$$

根据清晰数的均值的定义可得

$$E(\underline{A}(x)) = \frac{\sum\limits_{i=1}^{n} \underline{A}(x_i)x_i}{\sum\limits_{i=1}^{n} \underline{A}(x_i)}$$

$$aE(\underline{A}(x)) + b = a \times \frac{\sum\limits_{i=1}^{n} \underline{A}(x_i)x_i}{\sum\limits_{i=1}^{n} \underline{A}(x_i)} + b$$

$$= \frac{a \times \sum\limits_{i=1}^{n} \underline{A}(x_i)x_i + b \times \sum\limits_{i=1}^{n} \underline{A}(x_i)}{\sum\limits_{i=1}^{n} \underline{A}(x_i)}$$

$$= \frac{\sum\limits_{i=1}^{n} (a\underline{A}(x_i)x_i + b \times \underline{A}(x_i))}{\sum\limits_{i=1}^{n} \underline{A}(x_i)}$$

$$= \frac{\sum\limits_{i=1}^{n} \underline{A}(x_i)(ax_i + b)}{\sum\limits_{i=1}^{n} \underline{A}(x_i)}$$

又左边 = 右边, 所以 $E(a\underline{A}(x) + b) = aE(\underline{A}(x)) + b$.

5.3 清晰综合评判范例

　　无论是在实际工程中还是现实生活中, 由于事物的多因素性, 经常会遇到对事物进行综合评判的问题. 例如, 在选购服装时, 一般消费者主要从面料、样式和颜色等各因素, 通过权衡各因素来评判某种品牌的服装, 类似这样的问题就是清晰综合评判.

在 5.1 节已经指出模糊综合评判的错误, 现由一个实例得出清晰综合评判的运算过程提出清晰综合评判方法, 如有不足之处请多指教.

例 5.3.1   在购买服装时, 消费者主要从面料质量、花色样式和价格费用这三方面的因素, 假设这三方面的因素在整体满意度中所占的权重分别为: 30%, 30% 和 40%. 现欲对三方面的因素的满意度分别进行打分 (设满意时的分数为 100 分), 再对三方面的因素进行综合评判.

专家组的打分情况为: 专家组 $\mu_{80} = \{a_1, a_2, a_3, a_4\}$ 对衣服面料的满意度打分为 80 分, 其中三位专家表示赞成, 一位没有表态, 赞成者具体构成集 $\Delta\mu_{80} = \{a_1, a_2, a_3\}$; 专家组 $\mu_{75} = \{b_1, b_2, b_3, b_4, b_5\}$ 对衣服颜色的满意度打分为 75 分, 其中四位专家表示赞成, 一位没有表态, 赞成者具体构成集 $\Delta\mu_{75} = \{b_1, b_2, b_3, b_5\}$; 专家组 $\mu_{90} = \{c_1, c_2, c_3, c_4, c_5\}$ 对衣服样式的满意度打分为 90 分, 其中四位专家表示赞成, 一位没有表态, 赞成者具体构成集 $\Delta\mu_{90} = \{c_2, c_3, c_4, c_5\}$, 专家组 $\mu_{80} = \{d_1, d_2, d_3, d_4\}$ 对衣服样式的满意度打分为 80 分, 其中三位专家表示赞成, 一位没有表态, 赞成者具体构成集 $\Delta\mu_{80} = \{d_1, d_3, d_4\}$, 于是可得论域 (定义域)

$$U = \{\mu_\alpha | \alpha \in \mathbf{R}\}$$

其中

$$\mu_\alpha = 0, \quad \alpha \overline{\in} \{75, 80, 90\} \text{取值在 } [0,1] \text{ 中的函数}$$

根据专家组对三方面的打分情况, 可以确定三个清晰数如下所示.

对衣服面料的满意度打分情况:

$$\underline{B}_1(x) = \begin{cases} \dfrac{3}{4} = \dfrac{|\{a_1, a_2, a_3\}|}{|\{a_1, a_2, a_3, a_4\}|}, & x = 80 \\ 0, & x \,\overline{\in}\{80\} \text{且} x \in \mathbf{R} \end{cases}$$

对衣服颜色的满意度打分情况:

$$\underline{B}_2(x) = \begin{cases} \dfrac{4}{5} = \dfrac{|\{b_1, b_2, b_3, b_5\}|}{|\{b_1, b_2, b_3, b_4, b_5\}|}, & x = 75 \\ 0, & x \,\overline{\in}\{75\} \text{且} x \in \mathbf{R} \end{cases}$$

对衣服样式的满意度打分情况:

$$\underline{B_3}(x) = \begin{cases} \dfrac{4}{5} = \dfrac{|\{c_2, c_3, c_4, c_5\}|}{|\{c_1, c_2, c_3, c_4, c_5\}|}, & x = 90 \\[3mm] \dfrac{3}{4} = \dfrac{|\{d_1, d_3, d_4\}|}{|\{d_1, d_2, d_3, d_4\}|}, & x = 80 \\[3mm] 0, & x \, \overline{\in} \{80, 90\} \text{且} x \in \mathbf{R} \end{cases}$$

由此可得总和打分的清晰数为

$$\underline{C}(x) = \underline{B_1}(x) \times 30\% + \underline{B_2}(x) \times 30\% + \underline{B_3}(x) \times 40\%$$

根据清晰数的加法和乘法运算法则可得

$$\underline{C}(x) = \begin{cases} \dfrac{12}{25}, & x = 82.5 \\[3mm] \dfrac{9}{20}, & x = 78.5 \\[3mm] 0, & x \, \overline{\in} \{82.5, \ 78.5\} \text{且} x \in \mathbf{R} \end{cases}$$

根据清晰数均值的定义可得均值为

$$E(\underline{C}(x)) = \frac{\displaystyle\sum_{i=1}^{n} x_i \underline{C}(x_i)}{\displaystyle\sum_{i=1}^{n} \underline{C}(x_i)}$$

$$= \frac{12/25 \times 82.5 + 9/20 \times 78.5}{12/25 + 9/20}$$

$$= 80.56$$

综合对三方面满意度打分的均值为 80.56 分, 按照消费者要求分数小于 60 分表示对该服装不满意应另选其他品牌的服装; 分数在 60~80 分是基本满意, 可以考虑; 分数为 80~100 是满意, 可以选购该品牌的服装, 根据分析对服装的满意度打分 $E(\underline{C}(x)) = 80.56 > 80$, 表示对该服装满意可以购买. 像例 5.3.1 这样对衣服进行综合评判的过程称为清晰综合评判.

5.4　清晰综合评判的运算模型

在实际应用中, 几乎每种方案都要受多种属性、多种因素的影响, 在进行综合评判时必须作综合考虑. 又因为这些因素具有模糊性, 在评价时应用了清晰数学的理论, 这种评价称为清晰综合评判.

影响评价对象的因素有很多, 各因素之间还有层次之分. 为了更方便地比较各评价对象的优劣次序, 得出有意义、有价值的评价结果, 可以利用多层清晰综合评判. 下面先介绍单层清晰综合评判.

5.4.1　单层清晰综合评判

1. 建立各因素对应的清晰数

根据不同专家组对因素的评价打分, 可以确定每个因素的打分及隶属度, 从而得到各因素相应的清晰数. 设有影响评价对象的因素有 n 种, 那么便可以确定 n 个清晰数, 即为 $\underline{A_1}(x)$, $\underline{A_2}(x)$, $\cdots$, $\underline{A_n}(x)$.

2. 确立各因素对应的权重

各个评价因素对具体的方案设计的影响总有一个统一的权衡, 这就是各因素的权重分配, 权重反映了各因素在清晰综合评判中所占的地位和作用, 它直接影响到清晰综合评判的分数. 对于同一等级的不同因素, 它们所占的权重也不一定相同. 对应 n 个因素的 n 个权重为: $w_1, w_2, \cdots,$ w_n.

3. 计算综合打分的清晰数

评价对象综合打分的清晰数是各因素的清晰数与其权重的乘积之和, 即

$$\underline{C}(x) = \underline{A_1}(x) \times w_1 + \underline{A_2}(x) \times w_2 + \cdots + \underline{A_n}(x) \times w_n$$

运用清晰数的乘法和加法的运算性质, 可以得出综合打分的清晰数 $\underline{C}(x)$.

4. 求解清晰数的均值

根据清晰数的均值的定义, 可得

$$E(\underline{C}(x)) = \frac{\sum\limits_{i=1}^{n} x_i \underline{C}(x_i)}{\sum\limits_{i=1}^{n} \underline{C}(x_i)}$$

利用清晰数的均值, 可以把各个因素的专家评判情况及所占权重进行综合处理得到的值用实数进行表示, 这样有助于评价对象的比较, 使比较结果清晰化、数字化.

例 5.4.1 减速器是原动机与工作机之间的闭式传动装置, 可以降低转速并相应地增大转矩. 减速器的种类很多, 其中齿轮减速器的应用范围很广. 先对二级减速器的一个设计方面来进行综合评判. 方案采用展开式圆柱齿轮减速器, 其传动件主要有输入轴、中间轴、输出轴和两队相互齿合的圆柱齿轮.

进行清晰综合评判时主要是请专家组来对该设计方案的经济性、机械性能和结构进行评估, 然后在综合处理专家意见, 得出清晰综合评判的结果.

专家组对设计方案的经济性进行估定, 考虑到产品的设计成本和制造成本等, 确定这项因素所占的权重为 0.2 且专家组 $\mu_{80} = \{a_1, a_2, a_3, a_4\}$ 打分为 80 分, 其中三位专家赞成, 一位专家未表态, 具体为 $\Delta\mu_{80} = \{a_1, a_2, a_3\}$, 专家组对设计方案的机械性能来进行估定, 要考虑到产品的机械效率、发热、连续工作能力、运转平稳性、寿命、维修等. 设因素所占的权重为 0.6 且专家组 $\mu_{85} = \{b_1, b_2, b_3, b_4, b_5\}$ 打分为 85 分, 其中四位专家赞成, 一位专家未表态, 且具体为 $\Delta\mu_{85} = \{b_1, b_2, b_3, b_4\}$; 专家组 $\mu_{75} = \{c_1, c_2, c_3, c_4, c_5\}$ 打分为 75 分, 其中三位专家赞成, 两位专家未表态, 具体为 $\Delta\mu_{75} = \{c_1, c_3, c_5\}$. 专家组对设计方案的结构进行估定, 要考虑到产品的尺寸、质量和布局等, 确定这项因素所占的权重为 0.2 且专家

组 $\mu_{70} = \{d_1, d_2, d_3\}$, 打分为 70 分, 其中两位专家赞成, 一位专家未表态, 具体为 $\Delta\mu_{70} = \{d_1, d_3\}$.

(1) 建立各因素对应的清晰数.

根据专家组的打分情况可以确定对经济性的评价的清晰数

$$
\underline{A_1}(x) = \begin{cases} \dfrac{3}{4} = \dfrac{|\{a_1, a_2, a_3\}|}{|\{a_1, a_2, a_3, a_4\}|}, & x = 80 \\[3mm] 0, & x \bar{\in} \{80\} \text{且} x \in \mathbf{R} \end{cases}
$$

确定对机械性能的评价的清晰数为

$$
\underline{A_2}(x) = \begin{cases} \dfrac{4}{5} = \dfrac{|\{b_1, b_2, b_3, b_4\}|}{|\{b_1, b_2, b_3, b_4, b_5\}|}, & x = 85 \\[3mm] \dfrac{3}{5} = \dfrac{|\{c_1, c_3, c_5\}|}{|\{c_1, c_2, c_3, c_4, c_5\}|}, & x = 75 \\[3mm] 0, & x \bar{\in} \{75, 85\} \text{且} x \in \mathbf{R} \end{cases}
$$

确定对结构的评价的清晰数为

$$
\underline{A_3}(x) = \begin{cases} \dfrac{2}{3} = \dfrac{|\{d_1, d_3\}|}{|\{d_1, d_2, d_3\}|}, & x = 70 \\[3mm] 0, & x \bar{\in} \{70\} \text{且} x \in \mathbf{R} \end{cases}
$$

(2) 确定各因素相应的权重.

该设计方案考虑到了三方面的因素: 经济性、机械性能和结构, 它们所占的权重分别为 $w_1 = 0.2$, $w_2 = 0.6$, $w_3 = 0.2$.

(3) 计算综合打分的清晰数.

根据三个因素确定的清晰数和其所占的权重, 可得综合打分的清晰数为

$$
\underline{C}(x) = \underline{A_1}(x) \times w_1 + \underline{A_2}(x) \times w_2 + \underline{A_3}(x) \times w_3
$$
$$
= \underline{A_1}(x) \times 0.2 + \underline{A_2}(x) \times 0.6 + \underline{A_3}(x) \times 0.2
$$

根据清晰数的乘法和加法的定义可得

$$\underline{C}(x) = \begin{cases} \dfrac{3}{10}, & x = 75 \\[2mm] \dfrac{2}{5}, & x = 81 \\[2mm] 0, & x \overline{\in} \{75, 81\} \text{且} x \in \mathbf{R} \end{cases}$$

(4) 求清晰数 $\underline{C}(x)$ 的均值.

根据清晰数的均值的定义, 可得

$$\begin{aligned} E(\underline{C}(x)) &= \frac{\displaystyle\sum_{i=1}^{n} x_i \underline{C}(x_i)}{\displaystyle\sum_{i=1}^{n} \underline{C}(x_i)} \\ &= \frac{75 \times 3/10 + 81 \times 2/5}{3/10 + 2/5} \\ &= 78.43 \end{aligned}$$

因此得到对该设计方案的综合打分为 78.43 分.

5.4.2 多层清晰综合评判

在复杂的系统中, 因素很多, 各因素之间还有层次之分. 对这类问题, 可以把因素按其性质和特点分成几层, 先对最后一层各因素进行单层清晰综合评价, 得到这一层内各因素综合评价的清晰数, 然后对上一层按照同样的方法进行清晰综合评判, 这样一层一层地进行综合评判, 直至最高层, 得出可靠的评价结果.

第6章　清晰模型识别

模型识别在实际问题中是普遍存在的. 例如, 学生到外面采集到一植物标本, 要识别它属于哪一纲哪一目; 投递员 (或分拣机) 在分拣信件时要识别邮政编码, 等等, 这些都是模型识别, 它们有两个本质特征: 一是事先已知若干标准模型 (称为标准模型库); 二是有待识别的对象. 因此, 模型识别粗略地讲, 就是要把研究对象根据其某种特征进行识别分类.

6.1　模糊模型识别再认识

本节讨论的是第二类模糊识别问题, 设在论域 $U = \{x_1, x_2, \cdots, x_n\}$ 上有 m 个模糊子集 $A_1, A_2, \cdots, A_m (m$ 个模型), 构成了标准模型库, 被识别的对象 B 也是一个模糊集, B 与 $A_i (i = 1, 2, \cdots, m)$ 中的哪一个最贴近? 这就是一个模糊集对标准模糊集的识别问题. 因此, 这里涉及两个模糊集的贴近程度问题.

先把模糊向量的内积与外积推广到无限论域 U 上, 有如下定义.

定义 6.1.1　设 $\underset{\sim}{A}, \underset{\sim}{B} \in T(U)$, 称

$$\underset{\sim}{A} \circ \underset{\sim}{B} = \bigvee_{x \in U} [\underset{\sim}{A}(x) \wedge \underset{\sim}{B}(x)] \tag{6.1}$$

为 $\underset{\sim}{A}, \underset{\sim}{B}$ 的内积; 称

$$\underset{\sim}{A} \odot \underset{\sim}{B} = \bigwedge_{x \in U} [\underset{\sim}{A}(x) \vee \underset{\sim}{B}(x)] \tag{6.2}$$

为 $\underset{\sim}{A}, \underset{\sim}{B}$ 的外积.

需要指出: 内积与外积的简单性质对无限论域 U 上的模糊集也成立, 现列在下面.

内积与外积的性质.

性质 6.1.1　设 $A, B \in T(U)$, 则有

(1) $(A \circ B)^c = A^c \odot B^c$;

(2) $(A \odot B)^c = A^c \circ B^c$.

性质 6.1.2　设 $A, B \in T(U)$, 则有

(1) $A \circ A = \bar{A}$;

(2) $A \odot A = \underline{A}$;

(3) $A \subset B \Rightarrow A \circ B = \bar{A}$;

(4) $B \subset A \Rightarrow A \odot B = \underline{A}$.

性质 6.1.3　设 $A, B \in T(U)$, 则有

(1) $A \circ B \leqslant \bar{A} \wedge \bar{B}$;

(2) $A \odot B \geqslant \underline{A} \vee \underline{B}$;

(3) $A \circ A^c \leqslant \dfrac{1}{2}$;

(4) $A \odot A^c \geqslant \dfrac{1}{2}$.

由模糊集的内积与外积的性质可知, 单独使用内积或外积还不能完全刻画两个模糊集 A, B 之间的贴近程度. 模糊集的内积与外积都只能部分地表现两个模糊集的靠近程度. 内积越大, 模糊集越靠近; 外积越小, 模糊集也越靠近. 因此, 人们就用二者相结合的 "格贴近度" 来刻画两个模糊集的贴近程度.

定义 6.1.2　设 A, B 是论域 U 上的模糊子集, 则称

$$\sigma_0(A, B) = \frac{1}{2}[A \circ B + (1 - A \odot B)] \tag{6.3}$$

为 A 与 B 格贴近度.

可见, 当 $\sigma_0(A, B)$ 越大 (从而 $A \circ B$ 越大, $A \odot B$ 越小) 时, A 与 B 越贴近.

有了格贴近度的定义后, 就容易计算格贴近度.

显然, 格贴近度具有下列性质.

性质 6.1.4　　$0 \leqslant \sigma_0(\underset{\sim}{A}, \underset{\sim}{B}) \leqslant 1$.

性质 6.1.5　　$\sigma_0(\underset{\sim}{A}, \underset{\sim}{A}) = \dfrac{1}{2}[\bar{\underset{\sim}{A}} + (1 - \underset{\sim}{A})]$, 当 $\bar{\underset{\sim}{A}} = 1, \underset{\sim}{A} = 0$ 时, $\sigma_0(\underset{\sim}{A}, \underset{\sim}{A}) = 1$;

$\sigma(U, \varnothing) = 0$.

性质 6.1.6　　若 $\underset{\sim}{A} \subseteq \underset{\sim}{B} \subseteq \underset{\sim}{C}$, 则 $\sigma_0(\underset{\sim}{A}, \underset{\sim}{C}) \leqslant \sigma_0(\underset{\sim}{A}, \underset{\sim}{B}) \wedge \sigma_0(\underset{\sim}{B}, \underset{\sim}{C})$.

格贴近度描述了模糊集之间彼此贴近的程度, 是我国学者汪培庄教授首先提出来的. 实际上, 由于所研究问题的性质不同, 还有其他的贴近度定义. 比如: 如下定义.

定义 6.1.3　　设 $\underset{\sim}{A}, \underset{\sim}{B}$ 是论域 U 上的模糊集, 则称

$$\sigma_0(\underset{\sim}{A}, \underset{\sim}{B}) = (\underset{\sim}{A} \circ \underset{\sim}{B}) \wedge (\underset{\sim}{A} \odot \underset{\sim}{B})^c$$

为 $\underset{\sim}{A}$ 与 $\underset{\sim}{B}$ 的贴近度.

前面曾经指出过, 当 $\underset{\sim}{A}, \underset{\sim}{B}$ 都有完全属于自己和完全不属于自己的元素时, 格贴近度 $M(x) = \sigma_0(\underset{\sim}{A}, \underset{\sim}{B})$ 比较客观地反映了 $\underset{\sim}{A}$ 与 $\underset{\sim}{B}$ 的贴近程度, 但是格贴近度仍有不足之处, 格贴近度的性质 6.1.5 表明: $\sigma_0(\underset{\sim}{A}, \underset{\sim}{A}) = \dfrac{1}{2}[\bar{\underset{\sim}{A}} + (1 - \underset{\sim}{A})]$, 一般 $\sigma_0(\underset{\sim}{A}, \underset{\sim}{A}) \neq 1$. 仅当 $\bar{\underset{\sim}{A}} = 1, \underset{\sim}{A} = 0$ 时, 才能保证 $\sigma_0(\underset{\sim}{A}, \underset{\sim}{A}) = 1$. 又如两个正态模糊集 $\underset{\sim}{A}, \underset{\sim}{B}$ 有很大差异: $a_1 = a_2 = a$, $\sigma_1 \neq \sigma_2$, 但它们的格贴近度 $\mu(x) = \sigma_0(\underset{\sim}{A}, \underset{\sim}{B}) = 1$.

这些都表明, 格贴近度是一定条件下的产物, 难免具有局限性, 有时还不能如实反映实际情况.

于是, 人们一方面尽管觉得格贴近度有缺陷, 但还是乐意采用易于计算的格贴近度来解决一些实际问题; 另一方面, 在实际工作中又给出了许多具体格贴近度的定义. 模糊模型识别的主要理论基础是贴近度, 但贴近度对吗? 可见, 原模糊界的学者也早对其贴近度有所质疑, 从其公理化定义中更见此意, 没抛弃反而留下是因为给出了一个错误概念.

设论域 $U = [0, 1]$, U 的一个子集 $A = \left[0, \dfrac{1}{2}\right]$, 另一个子集 $B = \left\{\dfrac{1}{2}, 1\right\}$,

则 $A \circ B = \bigvee\limits_{x \in [0,1]} [A(x) \wedge B(x)] = 1$, $A \odot B = \bigwedge\limits_{x \in [0,1]} [A(x) \vee B(x)] = 0$, 所以,

$\sigma(A, B) = \dfrac{1}{2}[A \circ B + (1 - A \odot B)] = \dfrac{1}{2}[1 + (1 - 0)] = 1$. 故 A 和 B 百分之

百贴近, 实际上 A 和 B 仅在 $X = \dfrac{1}{2}$ 之处相交, 怎么能说其贴近呢? 实际

若 $B = \left\{ x \middle| x \in \left[\dfrac{1}{2}, \dfrac{3}{4} \right) \text{ 或 } x \in \left(\dfrac{3}{4}, 1 \right) \right\}$ 时, 都有 $\sigma(A, B) = 1$.

可见, 当 A 和 B 都是经典子集时, 且直观上将贴近度理解为二者的重合程度时, 可知格贴近度实际上是与两个集合的贴近度毫不相关的量, 所以, 应该坚决抛弃, 否则以此为理论基础得出的模型识别是毫无价值的伪理论.

6.2 有限经典集合的贴近度

定义 6.2.1 设 A, B 为两个元素有限的经典集合且 A 的元素个数为 $|A|$, B 的元素个数为 $|B|$, 则 $\dfrac{|A \cap B|}{|A \cup B|}$ 称为 A 与 B 的贴近度, 记为 $\sigma(A, B)$, 当 $A \cup B = \varnothing$, A 与 B 无贴近度.

例 6.2.1 设 $A = \{a, b, c\}$, $B = \{b, c, D\}$, 则

$$\sigma(A, B) = \frac{|A \cap B|}{|A \cup B|} = \frac{|\{b, c\}|}{|\{a, b, c, D\}|} = \frac{2}{4} = \frac{1}{2}$$

下面给出贴近度的性质.

性质 6.2.1 $\sigma(A, A) = 1$.

证明

$$\sigma(A, A) = \frac{|A \cap B|}{|A \cup B|} = \frac{|A|}{|A|} = 1$$

性质 6.2.2 $\sigma(A, B) = \sigma(B, A)$.

证明

$$\sigma(A, B) = \frac{|A \cap B|}{|A \cup B|} = \frac{|B \cap A|}{|B \cup A|} = \sigma(B, A)$$

性质 6.2.3 若 $A \subseteq B \subseteq C$, 则 $\sigma(A, C) \leqslant \sigma(A, B) \wedge \sigma(B, C)$.

证明   因为 $A \subseteq B \subseteq C$, 所以

$$\sigma(A, C) = \frac{|A \cap C|}{|A \cup C|} = \frac{|A|}{|C|} \leqslant \frac{|A \cap B|}{|A \cup B|} = \sigma(A, B)$$

和

$$\sigma(A, C) = \frac{|A|}{|C|} \leqslant \frac{|B|}{|B \cup C|} \leqslant \frac{|B \cap C|}{|B \cup C|} = \sigma(B, C).$$

6.3   贴近度公理化定义讨论

以模糊数学的观点来看, 模糊模型识别在现实生活中是普遍存在的, 而贴近度是模糊模型识别的主要依据, 它描述了模糊集之间彼此贴近的程度, 对模糊集合 A, B 来说, 当 $\sigma(A, B)$ 越大时, 模糊集合 A, B 就越贴近, 后来为了便于计算引入了格贴近度的定义, 但格贴近度是在一定条件下的产物, 难免具有局限性, 有时还不能如实地反映实际情况, 于是提出了贴近度的公理化定义.

定义 6.3.1 (贴近度的公理化定义)   设 $T(U)$ 为论域 U 的模糊幂集, 若映射

$$\sigma : T(U) \times T(U) \to [0, 1], \quad (A, B) \longmapsto \sigma(A, B) \in [0, 1]$$

满足:

(1) $\sigma(A, A) = 1, \forall A \in T(U)$;

(2) $\sigma(A, B) = \sigma(B, A), \forall A, B \in T(U)$;

(3) $A \subseteq B \subseteq C \Rightarrow \sigma(A, C) \leqslant \sigma(A, B) \wedge \sigma(B, C)$,

则称 $\sigma(A, B)$ 为 A 与 B 的贴近度.

定义 6.3.2   设论域 U 上有 m 个模糊子集 $A_1, A_2, \cdots, A_m$, 构成一个标准模型库 $\{A_1, A_2, \cdots, A_m\}$, $B \in T(U)$ 为待识别的模型. 若存在 $i_0 \in \{1, 2, \cdots, m\}$, 使得

$$\sigma_0(A_{i_0}, B) = \bigvee_{k=1}^{m} \sigma_0(A_k, B)$$

则称 $\underset{\sim}{B}$ 与 $\underset{\sim}{A_{i_0}}$ 最贴近, 或者说把 $\underset{\sim}{B}$ 归并到 $\underset{\sim}{A_{i_0}}$ 类.

在模糊数学理论中, 除了格贴近度 $\sigma_0(\underset{\sim}{A}, \underset{\sim}{B})$ 还有满足公理定义的如下贴近度:

(1) $\sigma_1(\underset{\sim}{A}, \underset{\sim}{B}) \triangleq \dfrac{\displaystyle\sum_{k=1}^{n}[\underset{\sim}{A}(x_k) \wedge \underset{\sim}{B}(x_k)]}{\displaystyle\sum_{k=1}^{n}[\underset{\sim}{A}(x_k) \vee \underset{\sim}{B}(x_k)]}$;

(2) $\sigma_2(\underset{\sim}{A}, \underset{\sim}{B}) \triangleq \dfrac{2\displaystyle\sum_{k=1}^{n}[\underset{\sim}{A}(x_k) \wedge \underset{\sim}{B}(x_k)]}{\displaystyle\sum_{k=1}^{n}[\underset{\sim}{A}(x_k) + \underset{\sim}{B}(x_k)]}$;

(3) 距离贴近度 $\sigma_3(\underset{\sim}{A}, \underset{\sim}{B}) \triangleq 1 - \dfrac{1}{n}\displaystyle\sum_{k=1}^{n}|\underset{\sim}{A}(x_k) - \underset{\sim}{B}(x_k)|$ 等.

但仅限于经典子集时, 且论域 U 的元素有限时 σ_1 和 σ 是一致的, 而 σ_2, σ_3 可以说都不满足概念的完备性, 都应抛弃. 至于两个模糊集的贴近度问题, 由于模糊集概念本身存在的问题, 其贴近度问题有待详细讨论, 限于篇幅, 这里不再赘述.

设论域 U 上有 n 个经典子集 $A_1, A_2, A_3, \cdots, A_n$, 构成一个标准模型库 $\{A_1, A_2, A_3, \cdots, A_n\}$, $B \in U$ 为待识别的模型.

假设存在 $i_1 \in \{1, 2, \cdots, m\}$, 使得 $\sigma_1(A_{i_1}, B) = \overset{n}{\underset{k=1}{\vee}} \sigma_1(A_k, B)(B$ 与 A_{i_1} 最贴近), 存在 $i_2 \in \{1, 2, \cdots, m\}$, 使得 $\sigma_2(A_{i_2}, B) = \overset{n}{\underset{k=1}{\vee}} \sigma_2(A_k, B)(B$ 与 A_{i_2} 最贴近)$(i_1 \neq i_2)$.

设 $|A_{i_1}| = x$, $|A_{i_2}| = m$, $|B| = y$, $|A_{i_1} \cap B| = z$, $|A_{i_2} \cap B| = p$, 用贴近度 σ_1 判断 B 与 A_{i_1}, A_{i_2} 的贴近程度如下

$$\sigma_1(A_{i_1}, B) = \frac{|A_{i_1} \cap B|}{|A_{i_1} \cup B|} = \frac{z}{x + y - z}$$

$$\sigma_1(A_{i_2}, B) = \frac{|A_{i_2} \cap B|}{|A_{i_2} \cup B|} = \frac{p}{m + y - p}$$

由于 B 与 A_{i_1} 最贴近, 所以 $\sigma_1(A_{i_1}, B) > \sigma_1(A_{i_2}, B)$, 即

$$\frac{z}{x+y-z} > \frac{p}{m+y-p}$$

整理得

$$(m+y)z > (x+y)p \tag{6.4}$$

用贴近度 σ_2 判断 B 与 A_{i_1}, A_{i_2} 的贴近程度如下

$$\sigma_2(A_{i_1}, B) = \frac{2|A_{i_1} \cap B|}{|A_{i_1}| + |B|} = \frac{2z}{x+y}$$

$$\sigma_2(A_{i_2}, B) = \frac{2|A_{i_2} \cap B|}{|A_{i_2}| + |B|} = \frac{2p}{m+y}$$

由于 B 与 A_{i_2} 最贴近, 所以 $\sigma_2(A_{i_1}, B) < \sigma_2(A_{i_2}, B)$, 即

$$\frac{2z}{x+y} < \frac{2p}{m+y}$$

整理得

$$(m+y)z < (x+y)p \tag{6.5}$$

由于式 (6.4) 和式 (6.5) 相互矛盾, 可以推出不存在这样的 A_{i_1} 和 $A_{i_2}(i_1 \neq i_2)$, 故贴近度 σ_1 与 σ_2 是等效的.

例 6.3.1   设论域 $U = \{a_1, a_2, a_3, a_4, a_5\}$, U 的两个子集为 A_1 和 A_2 分别为

$$A_1 = \{a_2, a_3, a_4, a_5\}$$
$$A_2 = \{a_1\}$$

集合 $B \in U$ 为待识别的模型, 集合 $B = \{a_1, a_3, a_4\}$, 则 $A_1 \cap B = \{a_3, a_4\}$, $A_2 \cap B = \{a_1\}$, 用贴近度 σ_1 判断 B 与 A_1, A_2 的贴近程度如下

$$\sigma_1(A_1, B) = \frac{|A_1 \cap B|}{|A_1 \cup B|} = \frac{2}{5}$$

$$\sigma_1(A_2, B) = \frac{|A_2 \cap B|}{|A_2 \cup B|} = \frac{1}{3}$$

因为 $\sigma_1(A_1, B) > \sigma_1(A_2, B)$, 所以 B 与 A_1 最贴近; 用贴近度 σ_3 判断 B 与 A_1, A_2 的贴近程度如下

$$\sigma_3(A_1, B) = 1 - \frac{1}{n} \sum_{k=1}^{n} |A_1(x_k) - B(x_k)| = 1 - \frac{1}{5}(1 + 1 + 0 + 0 + 1) = \frac{2}{5}$$

$$\sigma_3(A_2, B) = 1 - \frac{1}{n} \sum_{k=1}^{n} |A_2(x_k) - B(x_k)| = 1 - \frac{1}{5}(0 + 0 + 1 + 1 + 0) = \frac{3}{5}$$

因为 $\sigma_3(A_1, B) < \sigma_3(A_2, B)$, 所以 B 与 A_2 最贴近.

可见, 贴近度 σ_1 与 σ_3 在经典集合当中讨论时并不是等效的, 因为贴近度 σ_1 是满足完备性要求的, 所以应用贴近度 σ_1 的归类方法是正确的, 而贴近度 σ_3 不与贴近度 σ_1 等效, 所以应用贴近度 σ_3 的归类方法与实际不符, 应该抛弃.

6.4 清晰集贴近度初论

设论域 $U = \{\mu_1, \mu_2, \cdots, \mu_n\}$, U 的两个清晰子集分别为

$$\underline{D} = \{\Delta\mu_1, \Delta\mu_2, \cdots, \Delta\mu_n\}$$

$$\underline{F} = \{\Delta'\mu_1, \Delta'\mu_2, \cdots, \Delta'\mu_n\}$$

则 $\underline{D}$ 与 $\underline{F}$ 的元素 $\Delta\mu_i$ 和 $\Delta'\mu_i$ 都是元素个数有限的经典合. 故可按定义 6.2.1 讨论 $\frac{|\Delta\mu_i \cap \Delta'\mu_i|}{|\Delta\mu_i \cup \Delta'\mu_i|}(i = 1, 2, \cdots, n)$, 即 $\sigma(\Delta\mu_i, \Delta'\mu_i)$, 则其这些贴近度之均值, 称为 $\underline{D}$ 和 $\underline{F}$ 的贴近度, 记为 $\underline{\sigma}(\underline{D}, \underline{F})$, 特别当每一个 $\sigma(\Delta\mu_i, \Delta'\mu_i)$ 都存在时, 有

$$\underline{\sigma}(\underline{D}, \underline{F}) = \frac{1}{n} \sum_{i=1}^{n} \sigma(\Delta\mu_i, \Delta'\mu_i) = \frac{1}{n} \sum_{i=1}^{n} \frac{|\Delta\mu_i \cap \Delta'\mu_i|}{|\Delta\mu_i \cup \Delta'\mu_i|}$$

例 6.4.1　设论域

$$U = \{\mu_1, \mu_2, \cdots, \mu_n\}, \quad 且\ \mu_1 = \{a_1,\ a_2,\ a_3\},$$

$$\mu_2 = \{b_1,\ b_2,\ b_3\}, \quad \mu_3 = \{c_1,\ c_2,\ c_3\}$$

其清晰集

$$\underline{D} = \{\{a_1, a_2\}, \{b_1, b_2\}, \{c_1, c_2\}\}$$

$$\underline{F} = \{\{a_1, a_3\}, \{b_1, b_3\}, \{c_1, c_3\}\}$$

求 $\underline{\sigma}(\underline{D}, \underline{F})$.

解

$$
\begin{aligned}
\underline{\sigma}(\underline{D}, \underline{F}) = \frac{1}{3} &= \left[\frac{|\{a_1, a_2\} \cap \{a_1, a_3\}|}{|\{a_1, a_2\} \cup \{a_1, a_3\}|} \right. \\
&\left. + \frac{|\{b_1, b_2\} \cap \{b_1, b_3\}|}{|\{b_1, b_2\} \cup \{b_1, b_3\}|} + \frac{|\{c_1, c_2\} \cap \{c_1, c_3\}|}{|\{c_1, c_2\} \cup \{c_1, c_3\}|} \right] \\
&= \frac{1}{3} \left[\frac{|\{a_1\}|}{|\{a_1, a_2, a_3\}|} + \frac{|\{b_1\}|}{|\{b_1, b_2, b_3\}|} + \frac{|\{c_1\}|}{|\{c_1, c_2, c_3\}|} \right] \\
&= \frac{1}{3} \left[\frac{1}{3} + \frac{1}{3} + \frac{1}{3} \right] = \frac{1}{3}
\end{aligned}
$$

例 6.4.2　设论域

$$U = \{\mu_1, \mu_2, \cdots, \mu_n\}, \quad 且\ \mu_1 = \{a_1, a_2, a_3\}, \quad \mu_2 = \{b_1, b_2, b_3\}, \quad \mu_3 = \{c_1, c_2, c_3\}$$

其清晰集

$$\underline{D} = \{\{a_1, a_2\}, \{b_1, b_2\}\}$$

$$\underline{F} = \{\{a_1, a_3\}, \{b_1, b_3\}\}$$

求 $\underline{\sigma}(\underline{D}, \underline{F})$.

解

$$\underline{\sigma}(\underline{D}, \underline{F}) = \frac{1}{2} = \left[\frac{|\{a_1, a_2\} \cap \{a_1, a_3\}|}{|\{a_1, a_2\} \cup \{a_1, a_3\}|} + \frac{|\{b_1, b_2\} \cap \{b_1, b_3\}|}{|\{b_1, b_2\} \cup \{b_1, b_3\}|} \right]$$

$$= \frac{1}{2} \left[\frac{|\{a_1\}|}{|\{a_1, a_2, a_3\}|} + \frac{|\{b_1\}|}{|\{b_1, b_2, b_3\}|} \right]$$

$$= \frac{1}{2} \left[\frac{1}{3} + \frac{1}{3} \right] = \frac{1}{2} \times \frac{2}{3} = \frac{1}{3}$$

清晰集贴近度的性质:

(1) $\underline{\sigma}(A, A) = 1$;

(2) $\underline{\sigma}(A, B) = \underline{\sigma}(B, A)$;

(3) 若 $A \subseteq B \subseteq C$, 则 $\underline{\sigma}(A, C) \geqslant \underline{\sigma}(A, B) \wedge \underline{\sigma}(B, C)$.

证明略.

例 6.4.3 设论域 $U = \{\mu_1, \mu_2\}$, 且 $\mu_1 = \{a_1, a_2, a_3\}$, $\mu_2 = \{b_1, b_2, b_3\}$, 其中 a_1, b_1 是 D_1 厂生产的零件, a_2, b_2 是 D_2 厂生产的零件, a_3, b_3 是 D_3 厂生产的零件, 当把 μ_1, μ_2 看成一台机器时, 给出 U 的清晰子集:

$$\underline{D_1} = \{\{a_1\}, \{b_1\}\}, \quad \underline{D_2} = \{\{a_2\}, \{b_2\}\}, \quad \underline{D_3} = \{\{a_3\}, \{b_3\}\}$$

它们的隶属函数分别为

$$\underline{D_1}(x) : \underline{D_1}(\mu_1) = \frac{1}{3}, \quad \underline{D_1}(\mu_2) = \frac{1}{3}$$

$$\underline{D_2}(x) : \underline{D_2}(\mu_1) = \frac{1}{3}, \quad \underline{D_2}(\mu_2) = \frac{1}{3}$$

$$\underline{D_3}(x) : \underline{D_3}(\mu_1) = \frac{1}{3}, \quad \underline{D_3}(\mu_2) = \frac{1}{3}$$

它们都是定义域为 U, 取值在 [0,1] 的函数, 而 $\frac{1}{3}$ 则对 $\underline{D_1}(x)$ 来说对应着 U 中的机器 μ_1, μ_2 的零件在 D_1 厂造的是其全部零件的百分比, 对 $\underline{D_2}(x)$ 来说对应着在 D_2 厂造的零件是其全部零件的百分比, 而对 $\underline{D_3}(x)$ 来说对应着在 D_3 厂造的零件是其全部零件的百分比, 即机器属于 D_1 厂、D_2 厂和 D_3 厂造的程度, 即 μ_1, μ_2 隶属于 $\underline{D_1}$, $\underline{D_2}$, $\underline{D_3}$ 的程度.

我们得 U 的三个清晰子集, 它们隶属函数是定义在 U 上取值为 $\frac{1}{3} \in$ $[0,1]$ 的函数, 为一模糊子集, 现在以清晰贴近度 $\underline{\sigma}$ 和模糊贴近度 σ, 对它们进行讨论.

$$\underline{\sigma}(\underline{D_1},\underline{D_2}) = \frac{1}{2}\left[\frac{|\{a_1\} \cap \{a_2\}|}{|\{a_1\} \cup \{a_2\}|} + \frac{|\{b_1\} \cap \{b_2\}|}{|\{b_1\} \cup \{b_2\}|}\right]$$
$$= \frac{1}{2}\left[\frac{0}{2} + \frac{0}{2}\right] = 0$$

同样地 $\underline{\sigma}(\underline{D_1},\underline{D_3}) = \underline{\sigma}(\underline{D_2},\underline{D_3}) = 0$.

根据清晰贴近度的性质得

$$\underline{\sigma}(\underline{D_1},\underline{D_1}) = \underline{\sigma}(\underline{D_2},\underline{D_2}) = \underline{\sigma}(\underline{D_3},\underline{D_3}) = 1$$

但按模糊集的贴近度, 得

$$\underline{D_i} \circ \underline{D_j} = \bigvee_{x \in U}[\underline{D_i}(x) \wedge \underline{D_j}(x)] = \frac{1}{3} \ (i,j \in \{1,2,3\})$$

$$\underline{D_i} \odot \underline{D_j} = \bigwedge_{x \in U}[\underline{D_i}(x) \vee \underline{D_j}(x)] = \frac{1}{3} \ (i,j \in \{1,2,3\})$$

故 $\underline{\sigma}(\underline{D_i},\underline{D_j}) = \frac{1}{2}\left[\frac{1}{3} + \left(1 - \frac{1}{3}\right)\right] = \frac{1}{2}$.

从上述计算看出, 按清晰贴近度归类合于直观实际, 而按模糊贴近度简直无法将其所讨论问题进行归类. 连一个集合和自身也归不了同类. 由此再次看模糊贴近度的概念应彻底抛弃.

第7章 清晰数的应用

清晰数是实数的推广, 实数是清晰数的特例, 故实数有什么用, 清晰数也有什么用, 而且用处更广, 利用清晰数来确定某种生产机械设计方案的可信度, 从而使设计更加符合生产实际, 减少资源浪费, 使资源达到合理配置. 这里初步介绍一些清晰数的应用.

7.1 清晰数在机械更新决策中的应用

每台生产机械都有它的使用寿命, 而随着科学技术的不断进步, 在实际生产中一些生产机械由于生产效率降低、消耗能量增大等因素使其还未达到使用寿命就被淘汰, 成为公司难以处理的废弃物, 造成资源浪费. 这样一来, 生产机械的使用寿命就不宜设计得过长, 应根据生产机械更新的周期来进行调整, 但是生产机械的使用寿命和更新周期是需要人们分析相关情况、依据经验来确定的, 是模糊的信息. 利用清晰数, 来确定某种生产机械设计方案的可信度, 从而使设计更加符合生产实际, 减少资源浪费, 使资源达到合理配置.

例 7.1.1 某设计院欲设计一种加工机床, 需要确定机床的更新周期和使用寿命, 从而初步确定设计方案. 在进行市场调查和相关资料分析后, 请来几组专家对加工机床的使用寿命和更新周期进行评估, 对使用寿命的评估情况为: 专家组 $\mu_{10} = \{a_1, a_2, a_3\}$ 估计使用寿命应为 10 年, 其中两位专家表示赞成, 一位没有表态, 赞成者具体构成集 $\Delta\mu_{10} = \{a_1, a_3\}$; 专家组 $\mu_8 = \{b_1, b_2, b_3, b_4\}$ 估计使用寿命应为 8 年, 其中三位专家表示赞成, 一位没有表态, 赞成者具体构成集 $\Delta\mu_8 = \{b_1, b_2, b_3\}$. 对更新周期的评估情况为: 专家组 $\mu_6 = \{c_1, c_2, c_3, c_4, c_5\}$ 估计更新周期应为 6 年, 其中四位专家表示赞成, 一位没有表态, 赞成者具体构成集 $\Delta\mu_6 = \{c_2, c_3, c_4, c_5\}$;
专家组 $\mu_9 = \{d_1, d_2, d_3, d_4, d_5\}$ 估计更新周期应为 9 年, 其中三位专家表
示赞成, 两位没有表态, 赞成者具体构成集 $\Delta\mu_9 = \{d_1, d_3, d_4\}$. 试分析该
设计方案的可信度.

解   根据专家组的估计值, 就加工机床的更新周期和使用寿命来说
可以确定论域 (定义域) 为

$$U = \{\mu_\alpha | \alpha \in \mathbf{R}\}$$

其中 $\mu_\alpha = 0$, $\alpha \bar{\in} \{6, 8, 9, 10\}$ 取值在 $[0,1]$ 的隶属函数.

加工机床的使用寿命确定的清晰数为

$$\underline{A}(x) = \begin{cases} \dfrac{2}{3} = \dfrac{|\{a_1, a_3\}|}{|\{a_1, a_2, a_3\}|}, & x = 10 \\[2mm] \dfrac{3}{4} = \dfrac{|\{b_1, b_2, b_3\}|}{|\{b_1, b_2, b_3, b_4\}|}, & x = 8 \\[2mm] 0, & x \bar{\in} \{8, 10\} \text{且} x \in \mathbf{R} \end{cases}$$

加工机床的更新周期确定的清晰数为

$$\underline{B}(x) = \begin{cases} \dfrac{4}{5} = \dfrac{|\{c_2, c_3, c_4, c_5\}|}{|\{c_1, c_2, c_3, c_4, c_5\}|}, & x = 6 \\[2mm] \dfrac{3}{5} = \dfrac{|\{d_1, d_3, d_4\}|}{|\{d_1, d_2, d_3, d_4, d_5\}|}, & x = 9 \\[2mm] 0, & x \bar{\in} \{6, 9\} \text{且} x \in \mathbf{R} \end{cases}$$

求清晰数 $\underline{C}(x) = \underline{A}(x) - \underline{B}(x)$.

(1) 清晰数 $\underline{A}(x)$ 与 $\underline{B}(x)$ 的可能值带边减矩阵为

$$\begin{array}{c|cc} 8 & 2 & -1 \\ \hline 10 & 4 & 1 \\ \hline - & 6 & 9 \end{array}$$

(2) 清晰数 $\underline{A}(x)$ 与 $\underline{B}(x)$ 的隶属度带边积矩阵为

$$
\begin{array}{c|cc}
\underline{A}(8)=\dfrac{3}{4} & \dfrac{3}{5} & \dfrac{9}{20} \\[2mm]
\underline{A}(10)=\dfrac{2}{3} & \dfrac{8}{15} & \dfrac{2}{5} \\[2mm]
\hline
\times & \underline{B}(6)=\dfrac{4}{5} \quad \underline{B}(9)=\dfrac{3}{5}
\end{array}
$$

(3) 清晰数 $\underline{C}(x)$ 可以表示为

$$
\underline{C}(x) = \begin{cases}
\dfrac{9}{20}, & x = -1 \\[2mm]
\dfrac{2}{5}, & x = 1 \\[2mm]
\dfrac{3}{5}, & x = 2 \\[2mm]
\dfrac{8}{15}, & x = 4 \\[2mm]
0, & x \bar{\in} \{-1,\, 1,\, 2,\, 4\} 且 x \in \mathbf{R}
\end{cases}
$$

由此可得, 清晰数 $\underline{C}(x) \geqslant 0$ 的可信度为

$$
P\{\underline{C}(x) \geqslant 0\} = \left(\frac{2}{5} + \frac{3}{5} + \frac{8}{15}\right) \bigg/ \left(\frac{2}{5} + \frac{3}{5} + \frac{8}{15} + \frac{9}{20}\right) = \frac{92}{119} = 0.773
$$

专家组认为当方案的可信度大于 60% 时, 视为该方案可行, 而这里经过综合专家组的意见得到方案的可信度为 77.3%, 大于 60%, 说明该方案可行.

7.2 清晰数在机械的失效概率和可靠度的应用

7.2.1 机械的可靠度

零件 (系统) 在规定的运行条件下, 在规定的时间内, 能正常工作的概率, 即为可靠度, 记作 $R(t)$.

7.2.2 机械的失效概率

零件 (系统) 在规定的时间间隔内失效的概率, 即为失效概率, 记作 $F(t)$.

失效概率和可靠度之间的关系为: $F(t) + R(t) = 1$.

对于任意一个机械系统的失效概率和可靠度都是模糊的信息,只能估计它们的值.

7.2.3   机械系统的可靠度的计算

一个机械系统的可靠度取决于两个因素: 一是零件 (部件) 本身的可靠程度; 二是它们彼此组合起来的形式. 在零件 (部件) 的可靠度相同的前提下, 由于组合方式不同, 系统的可靠度是有很大差异的.

机械零件 (部件) 组合的方式基本上可以分为三种: 串联方式、并联方式和混联方式.

1. 串联系统可靠度计算

串联系统是由 n 个零件 (部件等) 组成的一个机械系统,若其中一个零件失效, 整个系统就会失效, 大多数的机械传动系统采用这种方式. 串联系统可靠性的逻辑框图 (图 7.1).

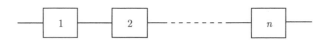

图 7.1   串联系统可靠性的逻辑框图

串联系统可靠度的数学模型标

设系统的失效时间的随机变量为 t, 组成该系统的各零件 (部件) 的失效时间的随机变量为 $t_1(i = 1, 2, \cdots, n)$ 时, 则系统的可靠度为

$$R(t) = P(t_1 > t \cap t_2 > t \cap \cdots \cap t_n > t)$$

由上式清楚地看出: 在串联系统中要使系统可靠地运行, 就要求每一个零件 (部件) 的失效时间都要大于系统的失效时间, 即每一零件 (部件) 的失效时间大于系统失效时间同时发生的概率就是系统的可靠度.

假设零件的失效时间 $t_1, t_2, \cdots, t_n$ 之间相互独立, 故上式可以写为

$$R(t) = P(t_1 > t) \cdot P(t_2 > t) \cdot \cdots \cdot P(t_n > t)$$

$P(t_i > t)$ 就是第 i 个零件的可靠度 $R_i(t)$, 故

$$R(t) = \prod_{i=1}^{n} R_i(t)$$

例 7.2.1   设一个机械系统有两个部件串联组成, 专家组 $\mu_{0.9} = \{a_1,$ $a_2, a_3\}$ 对第一个部件的可靠度进行估定为 0.9, 其中两位专家表示赞成, 一位没有表态, 赞成者具体构成集 $\Delta\mu_{0.9} = \{a_1, a_3\}$; 专家组 $\mu_{0.92} = \{b_1, b_2,$ $b_3, b_4, b_5\}$ 对第一个部件的可靠度进行估定为 0.92, 其中四位专家表示赞成, 一位没有表态, 赞成者具体构成集 $\Delta\mu_{0.92} = \{b_1, b_2, b_3, b_4\}$; 专家组 $\mu_{0.96} = \{c_1, c_2, c_3, c_4\}$ 对第二个部件的可靠度进行估定为 0.96, 其中三位专家表示赞成, 一位没有表态, 赞成者具体构成集 $\Delta\mu_{0.96} = \{c_2, c_3, c_4\}$; 专家组 $\mu_{0.92} = \{d_1, d_2, d_3, d_4, d_5\}$ 对第二个部件的可靠度进行估定为 0.92, 其中三位专家表示赞成, 两位没有表态, 赞成者具体构成集 $\Delta\mu_{0.92} = \{d_1,$ $d_3, d_4\}$.

根据专家组的估定值, 就部件的可靠度来说可以确定论域 (定义域) 为

$$U = \{\mu_\alpha | \alpha \in \mathbf{R}\}$$

其中 $\mu_\alpha = 0$, $\alpha \bar{\in} \{0.9,\ 0.92,\ 0.96\}$ 取值为 [0,1] 的隶属函数.

第一个部件确定的清晰数为

$$\underline{A}(x) = \begin{cases} \dfrac{2}{3} = \dfrac{|\{a_1, a_3\}|}{|\{a_1, a_2, a_3\}|}, & x = 0.9 \\[3mm] \dfrac{4}{5} = \dfrac{|\{b_1, b_2, b_3, b_4\}|}{|\{b_1, b_2, b_3, b_4, b_5\}|}, & x = 0.92 \\[3mm] 0, & x \bar{\in} \{0.9,\ 0.92\} 且 x \in \mathbf{R} \end{cases}$$

第二个部件确定的清晰数为

$$\underline{B}(x) = \begin{cases} \dfrac{3}{4} = \dfrac{|\{c_2, c_3, c_4\}|}{|\{c_1, c_2, c_3, c_4\}|}, & x = 0.96 \\[3mm] \dfrac{3}{5} = \dfrac{|\{d_1, d_3, d_4\}|}{|\{d_1, d_2, d_3, d_4, d_5\}|}, & x = 0.92 \\[3mm] 0, & x \bar\in \{0.96,\ 0.92\} 且 x \in \mathbf{R} \end{cases}$$

则该机械系统的可靠度的清晰数为

$$\underline{R}(x) = \underline{A}(x) \times \underline{B}(x)$$

根据清晰数乘法的运算法则, 可得该机械系统可靠度的清晰数 $\underline{R}(x)$ 为

$$\underline{R}(x) = \begin{cases} \dfrac{2}{5}, & x = 0.828 \\[3mm] \dfrac{12}{25}, & x = 0.8464 \\[3mm] \dfrac{1}{2}, & x = 0.864 \\[3mm] \dfrac{3}{5}, & x = 0.8832 \\[3mm] 0, & x 为其他且 x \in \mathbf{R} \end{cases}$$

利用清晰数均值的理论可得该机械系统的可靠度为

$$\begin{aligned} E(\underline{R}(x)) &= \frac{\displaystyle\sum_{i=1}^{n} x_i \underline{R}(x_i)}{\displaystyle\sum_{i=1}^{n} \underline{R}(x_i)} \\[3mm] &= \frac{0.828 \times 2/5 + 0.8464 \times 12/25 + 0.864 \times 1/2 + 0.8832 \times 3/5}{2/5 + 12/25 + 1/2 + 3/5} \\[3mm] &= 0.8583 \end{aligned}$$

该机械系统的可靠度为 0.8583.

2. 并联系统的可靠度计算

并联系统是由 n 个元件组成的系统, 若第一个元件失效可以使用第二个元件, 若第二个元件也失效则可以使用第三个元件, 直至所有元件都失效, 则整个系统就失效. 并联系统可靠度的逻辑框图如图 7.2 所示.

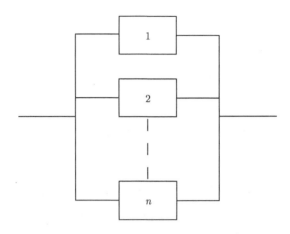

图 7.2　并联系统可靠度的逻辑框图

(1) 并联系统可靠度的数学模型.

设系统的失效时间的随机变量为 t, 组成该系统的各零件 (部件) 的失效时间的随机变量为 $t_i(i = 1, 2, \cdots, n)$ 时, 则对于 n 个零件 (部件) 所组成的平行工作冗余系统的失效概率为

$$F(t) = P(t_1 < t \cap t_2 < t \cap \cdots \cap t_n < t)$$

由上式清楚地看出: 在并联系统中, 只要每个零件的失效时间都达不到系统要求的工作时间时, 即每个零件同时都坏了, 系统才可能坏. 因此, 系统的失效概率是零件同时失效的概率.

假设零件的失效时间 $t_1, t_2, \cdots, t_n$ 之间相互独立, 故上式可以写为

$$F(t) = P(t_1 < t) \cdot P(t_2 < t) \cdot \cdots \cdot P(t_n < t)$$

$P(t_i < t)$ 就是第 i 个零件的本身的失效概率 $F_i(t)$, 故

$$F_i(t) = P(t_i < t) = 1 - R_i(t)$$

$$F(t) = \prod_{i=1}^{n} F_i(t) = \prod_{i=1}^{n}[1 - R_i(t)]$$

这样, 系统的可靠度就为

$$R(t) = 1 - F(t) = 1 - \prod_{i=1}^{n}[1 - R_i(t)] = 1 - \prod_{i=1}^{n} F_i(t)$$

(2) 并联系统可靠度计算举例.

设一个机械系统有两个部件并联组成, 专家组 $\mu_{0.1} = \{a_1, a_2, a_3\}$ 对第一个部件的失效概率进行估定为 0.1, 其中两位专家表示赞成, 一位没有表态, 赞成者具体构成集 $\Delta\mu_{0.1} = \{a_1, a_3\}$; 专家组 $\mu_{0.08} = \{b_1, b_2, b_3, b_4, b_5\}$ 对第一个部件的失效概率进行估定为 0.08, 其中四位专家表示赞成, 一位没有表态, 赞成者具体构成集 $\Delta\mu_{0.08} = \{b_1, b_2, b_3, b_4\}$; 专家组 $\mu_{0.04} = \{c_1, c_2, c_3, c_4\}$ 对第二个部件的失效概率进行估定为 0.04, 其中三位专家表示赞成, 一位没有表态, 赞成者具体构成集 $\Delta\mu_{0.04} = \{c_2, c_3, c_4\}$; 专家组 $\mu_{0.08} = \{d_1, d_2, d_3, d_4, d_5\}$ 对第二个部件的失效概率进行估定为 0.08, 其中三位专家表示赞成, 两位没有表态, 赞成者具体构成集 $\Delta\mu_{0.08}=\{d_1, d_3, d_4\}$.

根据专家组的估定值, 就部件的失效概率来说可以确定论域 (定义域) 为 $U = \{\mu_\alpha | \alpha \in \mathbf{R}\}$, 其中 $\mu_\alpha = 0$, $\alpha \bar{\in} \{0.04, 0.08, 0.1\}$ 取值为 [0,1] 的隶属函数.

第一个部件确定的清晰数为

$$\underline{A}(x) = \begin{cases} \dfrac{2}{3} = \dfrac{|\{a_1, a_3\}|}{|\{a_1, a_2, a_3\}|}, & x = 0.1 \\[3mm] \dfrac{4}{5} = \dfrac{|\{b_1, b_2, b_3, b_4\}|}{|\{b_1, b_2, b_3, b_4, b_5\}|}, & x = 0.08 \\[3mm] 0, & x \bar{\in} \{0.08, 0.1\} 且 x \in \mathbf{R} \end{cases}$$

第二个部件确定的清晰数为

$$\underline{B}(x) = \begin{cases} \dfrac{3}{4} = \dfrac{|\{c_2, c_3, c_4\}|}{|\{c_1, c_2, c_3, c_4\}|}, & x = 0.04 \\[3mm] \dfrac{3}{5} = \dfrac{|\{d_1, d_3, d_4\}|}{|\{d_1, d_2, d_3, d_4, d_5\}|}, & x = 0.08 \\[3mm] 0, & x \bar{\in} \{0.04, 0.08\} 且 x \in \mathbf{R} \end{cases}$$

则该机械系统的失效概率的清晰数为

$$\underline{F}(x) = \underline{A}(x) \times \underline{B}(x)$$

根据清晰数乘法的运算法则, 可得该机械系统失效概率的清晰数 $\underline{F}(x)$ 为

$$
\underline{F}(x) = \begin{cases} \dfrac{3}{5}, & x = 0.0032 \\[2mm] \dfrac{1}{2}, & x = 0.004 \\[2mm] \dfrac{12}{25}, & x = 0.0064 \\[2mm] \dfrac{2}{5}, & x = 0.008 \\[2mm] 0, & x \overline{\in} \{0.0032, 0.0064, 0.004, 0.008\} \ \text{且} x \in \mathbf{R} \end{cases}
$$

由公式 $F(x) + R(x) = 1$, 可得该系统的可靠度 $\underline{R}(x)$ 为

$$
\underline{R}(x) = 1 - \underline{F}(x)
$$

根据清晰数减法的运算法则, 可得该机械系统失效概率的清晰数 $\underline{R}(x)$ 为

$$
\underline{R}(x) = \begin{cases} \dfrac{2}{5}, & x = 0.992 \\[2mm] \dfrac{12}{25}, & x = 0.9936 \\[2mm] \dfrac{1}{2}, & x = 0.996 \\[2mm] \dfrac{3}{5}, & x = 0.9968 \\[2mm] 0, & x \overline{\in} \{0.992, 0.9936, 0.996, 0.9968\} \ \text{且} x \in \mathbf{R} \end{cases}
$$

利用清晰数均值的理论可得该机械系统的可靠度为

$$
\begin{aligned}
E(\underline{R}(x)) &= \frac{\displaystyle\sum_{i=1}^{n} x_i \underline{R}(x_i)}{\displaystyle\sum_{i=1}^{n} \underline{R}(x_i)} \\[3mm]
&= \frac{0.992 \times 2/5 + 0.9936 \times 12/25 + 0.996 \times 1/2 + 0.9968 \times 3/5}{2/5 + 12/25 + 1/2 + 3/5} \\[3mm]
&= 0.9948
\end{aligned}
$$

该机械系统的可靠度为 0.9948.

第8章 清晰支持向量机

支持向量机是在统计学习理论的基础上发展起来的新一代学习算法,它基于结构风险最小化原则,有效地提高了算法泛化能力,具有适应性强、推广能力强、解的稀疏性等优点,从而被广泛应用于文本分类、手写识别、图像分类、生物信息等领域. 目前,虽然支持向量机已经取得了飞速的发展,但是作为一种尚未成熟的新技术,仍存在着种种局限. 如果支持向量机的训练集中含有不同于随机信息和模糊信息的不确定性信息,那么传统支持向量机的性能将变得非常微弱甚至毫无作用. 因此,针对这种情况,本章提出一种针对训练样本中含有这种不确定信息的分类问题算法——清晰支持向量机.

8.1 支持向量机综述

随着科学技术日新月异的高速发展,我们所要面对的不再是网络知识的宣传普及和简单应用,而是超海量数据筛选与批量数据处理等核心问题. 尤其对当前纷繁复杂多元化的社会经济问题,依靠传统的人工方式进行统计处理,根本无法满足各行各业对多变的市场信息的超前预测. 而如何从大量的、不完全的、有噪声的、模糊的、随机的数据中,提取隐含在其中的、人们事先不知道的,但又是潜在的、有用的信息变得更加不可须臾离. 因此我们急需综合当前电脑高速率运算处理能力、互联网络海量信息和前沿的机器学习方法来与当前高速发展的社会经济相匹配.

机器学习就是通过分析已知的事实,对样本数据进行训练并寻找规律,利用这些规律对未来的不能直接观测的或无法观察的数据作出合理正确的预测和判断,其最终目的是使得机器具有推广学习能力[1]. 自 1980

年在卡内基–梅隆大学召开第一届机器学术研讨会以来, 机器学习受到国内外学者的广泛关注, 研究工作发展迅速, 已经成为当前的研究热点问题之一. 其原理如图 8.1 所示.

统计学习理论 (statistical learning theory, SLT) 是现有机器学习方法的重要理论基础之一, 它主要是研究利用经验数据进行机器学习的一种理论, 依据算法的经验风险和算法本身的构造去推测它的实际风险, 从而评估算法的泛化能力, 是将计算机科学、模式识别以及应用统计学交叉起来研究的理论. 传统统计学研究的是当样本数趋于无穷大时的渐进理论, 但是, 现实应用中的样本数目往往是有限的, 甚至是小规模的. 因此研究有限样本数据下的统计学习规律就非常有价值.

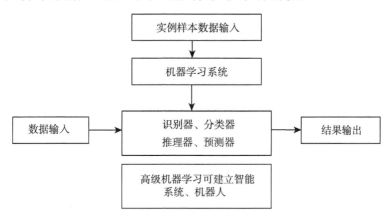

图 8.1 机器学习原理示意图

支持向量机 (support vector machine, SVM) 是统计学习理论发展的又一新型通用的机器学习方法. 它以统计学习理论的 VC 维理论和结构经验风险最小原理为基础, 根据有限样本信息在模型的复杂性和学习能力之间寻求最佳折中, 从而获得最好的泛化能力. 支持向量机主要是针对小样本情况下, 将算法最终归结为一个凸二次规划寻优问题, 其目标是得到现有样本信息下的全局最优解而不仅是样本趋于无穷大时的最优值, 并且解决了在神经网络方法中无法避免的局部极值问题. 在非线性可分的情况下, 通过非线性变换将样本数据映射到高维的特征空间, 使得数据更易于处理. 同时巧妙地解决了维数问题, 引入核函数以及优化的对偶问题使得样本的维数不直接影响算法的复杂度 (算法复杂度和样本维数无关), 同时支持向量机也解决了传统机器学习方法中的过学习、维数灾难以及过早收敛等问题. 因此, 支持向量机被广泛地应用于模式识别、回归估计和概率密度函数估计等方面.

目前, 支持向量机理论方面以及应用方面的研究热点主要集中在对支持向量机训练算法加以改进和完善, 对支持向量机训练样本有无类别标签的相关研究, 对核函数以及核参数选择方面的研究, 以及针对多分类问题的研究和对支持向量机应用方面的研究等, 下面我们就主要的热点问题给予简单的介绍.

1. 对支持向量机训练算法加以改进与完善

支持向量机的训练本质上可以看成是求解一个二次规划问题, 从数学角度分析, 支持向量机就是一个求条件极值的问题. 但是当支持向量的训练达到一定规模时, 传统的一些求解方法往往会存在大量的局限, 因而, 大量新的求解方法被专家学者相继提出. 首先是由 Cortes 和 Vapnik 提出的块算法 (chunking algorithm), 该算法主要是删除所有 Lagrange 乘子为零时所对应的样本, 并且把核函数矩阵中对应的 Lagrange 乘子为零的行和列删掉后, 将大型的二次规划分解为一系列小规模的二次规划问题, 该方法虽然有效地减少了空间复杂度, 但支持向量个数比较多时, 优势也并不是很明显.

后来, Osuna 等在块算法的基础上提出了一种分解算法 (decomposition algorithm), 其基本思想就是将原问题分解成为一系列小的子问题, 按照某种迭代策略, 通过反复求解子问题, 最终使结果收敛到原问题的最优解, 这种算法的关键在于选择一种最优的工作集选择算法, 工作集选择的好坏直接影响了算法的收敛速度.

之后, Platt 于 1998 年提出了序列最小优化算法 (sequential minimal optimiation, SMO) 来解决在 SVM 训练中遇到的大规模样本训练问题, 该算法不涉及大规模矩阵计算, 大大降低了空间复杂度, 同时也避免了多样本情形下的数值不稳定及耗时问题. 目前十分流行的 LIBSVM 软件正是基于 SMO 方法得到的.

目前, 国内关于支持向量机算法方面的研究还相对较少, 大多都是应用方面的研究. 一些经典算法的研究可参阅相关参考文献. 以上这些算法都是针对标准支持向量机求解方面所作的研究, 然而, 为了能更快更准确地处理某些特定的问题, 专家学者在上述三种算法的基础上还提出了很多更优良的改进算法, 这些算法在解决某些特定问题时表现出了更好的效果.

2. 针对支持向量机样本集的相关研究

根据数据的标签特征, 可以将支持向量机分为监督支持向量 (supervised sup port vector machines)、半监督支持向量机 (semi-supervised support vector machines) 以及无监督支持向量机 (unsupervised support vector machines). 监督支持向量机也就是一般的标准支持向量机, 主要是针对样本集的类别标签全部已知, 或者类似于条件总概率函数的形式给出. 其训练的结果直接依赖所选取的训练样本, 虽然分类精度高, 但是需要大量高质量的、有标记的样本, 其应用价值也大打折扣.

而如果数据样本集的类别标签全是未知的, 包括其分布密度也是未知的, 但是要从这组数据中提取有意义的特征, 或某种内在的规律性就需要用无监督支持向量机去训练. 无监督支持向量机的样本集只需一组数据, 聚类速度快, 但是准确率通常不能令人满意. 半监督支持向量机研究的是样本类别标签只有一少部分是给出的, 但是相对大量的那部分是没有给出的, 包括其分布密度也是没有给定的. 其研究目的就是如何利用那些大量没有给出类别标签却又隐藏有珍贵可用信息的样本来辅助学习, 即如何将这些已经给出类别标签和没有给出类别标签的样本有机地结合起来, 去推测那些没有给定的类别标签, 将含有未知类别标签的样本集转化为有标签的样本集, 从而训练出一个效果好的分类器, 使学习机的性能更优异. 本章主要针对训练样本集中含有清晰信息时的这一情况, 构造清晰支持向量机, 目前国内外学者在这一方面的研究还相对较少.

3. 支持向量机的应用

支持向量机最早在模式识别中应用, 最突出的应用研究为贝尔实验室率先被 SVM 方法应用到美国邮政服务手写数字识别研究上, 并取得了成功. 在随后的几年里, SVM 被成功地应用到更多的领域, 从人脸图像识别、文章分类、语音识别, 到故障诊断、图像处理等. MIT 用 SVM 进行的人脸检测试验取得了良好的效果, 另外, Joaucllims 还将 SVM 使用到文本分类中. 在医学方面, 支持向量机的研究也有很多, 将 SVM 的密度估计方法应用到医学图像分割, 也可以用单类支持向量机对血细胞的图像进行分割, 此外, 支持向量机在生物医学这方面也有很多很成功的研究.

以上这些经典的应用研究都是针对模式识别问题的, 随着支持向量机理论的成熟, 支持向量机也被广泛地应用于回归预测方面. 支持向量机回归模型的应用主要集中在控制领域和时间序列预测方面. 本章主要作分类方面的应用研究, 关于支持向量机在回归方面的应用就不在此赘述.

4. 多分类支持向量机

传统的支持向量机多用于二分类问题, 但是在实际应用中, 常会出现多分类问题, 因此对多分类支持向量机的研究具有重大的应用价值. 目前主要通过两种方式构造多分类支持向量机: ① 先利用一些方法构造出多个二分类器, 然后再把这一系列二分类器合在一起实现多分类 [35]. ② 先求解出多个分类面的参数, 然后将其合并到一个优化问题中, 最后通过求解这个最优化问题 "一次性" 地实现多分类问题. Chih-Wei Hsu 等在其论文中就目前主要的多分类支持向量机方法给予系统的介绍.

8.2 支持向量机基本原理

基于统计学习理论的机器学习方法是由 Vapnik 领导的贝尔实验研究小组 1963 年提出的, 由于当时的研究还不是很完善, 且其在数学上也不是很成熟, 所以并没有引起专家学者的广泛关注. 直到 20 世纪 90 年代, 支持向量机 (算法) 才被正式确立并且得到快速的发展和完善. 它一方面成功地解决了小样本、非线性及高维模式识别等问题; 另一方面, 非常好地解决了统计学习理论和神经网络等这些热门研究所遇到的过学习和欠学习等问题.

该方法的机理可以简单描述为: 寻找一个满足分类要求的最优分类超平面, 使得超平面在保证分类精度的同时, 能够使超平面两侧的空白区域 (间隔) 最大化. 分类问题主要分为两种, 线性问题 (包括线性可分和线性不可分) 和非线性问题. 根据最大间隔原则, 支持向量机可直接解决线性问题, 对于非线性问题, 首先得定义一个非线性映射, 通过这个映射, 将原空间映射到某个高维特征空间, 然后再在这个高维特征空间中求解出决策函数.

8.2.1 线性支持向量机

设 n 维空间的训练集 $S = \{(x_1, y_1), (x_2, y_2), \cdots, (x_l, y_l)\} \in (X \times Y)^l$, 其中 $x_i \in X = \mathbf{R}^n$ 是输入向量, 其分量称为特征, $i = 1, 2, \cdots, l$. $y_i \in Y = \{-1, 1\}$ 是输出向量, 也称为类别标签, $i = 1, 2, \cdots, l$. 如果问题线性可分则表明存在着最优分类超平面 $(\boldsymbol{\omega} \cdot \boldsymbol{x}) + b = 0$, 使得训练集 S 中的两类点分别位于超平面的两侧.

实质上, 我们的目的就是寻找这样一个最优分类超平面或者最优分

类函数

$$f(x) = \mathrm{sgn}((\boldsymbol{\omega} \cdot \boldsymbol{x}) + b)$$

从而去推断任一模式 x 相对应的 y 值, 即存在参数对 $(\boldsymbol{\omega} \cdot \boldsymbol{x})$, 使得

$$y_i = \mathrm{sgn}((\boldsymbol{\omega} \cdot x_i) + b), \quad i = 1, 2, \cdots, l$$

下面给出 SVM 原理的示意图.

如图 8.2 所示, 空心点和实心点分别代表两类样本点, 图 8.2(a) 部分显示的是线性不可分的情况. 图 8.2(b)H_1, H_2 分别为平行于最优分类超平面 H 的分类面, 落在 H_1, H_2 上的样本点称为支持向量. 分类面 H_1, H_2 之间的间隔称为分类间隔, 大小为 $2/\|\boldsymbol{\omega}\|$. 最优分类面 H 不仅使得两类样本点的分类间隔最大, 还必须保证将两类样本点正确分开, 满足上述要求的分类面也就既保证了置信风险最小, 也保证了经验风险最小. 求这样的最优分类面可以通过最小化 $\|\boldsymbol{\omega}\|^2$ 的方法来实现.

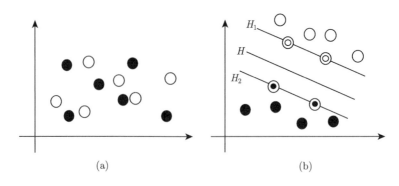

图 8.2　SVM 原理示意图

那么, 求解最优超平面问题就可以表示成如下约束条件的优化问题:

$$\begin{cases} \min\limits_{\boldsymbol{\omega}, b} \dfrac{1}{2}\|\boldsymbol{\omega}\|^2 \\ \text{s.t. } y_i((\boldsymbol{\omega} \cdot x_i) + b) \geqslant 1, \quad i = 1, \cdots, l \end{cases}$$

下面求上述优化问题的对偶问题.

引入 Lagrange 函数

$$L(\boldsymbol{\omega}, b, \boldsymbol{\alpha}) = \frac{1}{2}\|\boldsymbol{\omega}\|^2 - \sum_{i=1}^{l} \alpha_i(y_i((\omega_i \cdot x_i) + b) - 1)$$

其中 $\boldsymbol{\alpha} = (\alpha_1, \cdots, \alpha_l)^{\mathrm{T}} \in \mathbf{R}_+^l$ 为 Lagrange 乘子. 根据 Wolfe 对偶的定义求出 Lagrange 函数关于 $\boldsymbol{\omega}, b$ 的极值, 最后可以得到求上述优化问题的对偶问题为

$$\begin{cases} \min_{\boldsymbol{\alpha}} \dfrac{1}{2}\sum_{i=1}^{l}\sum_{j=1}^{l} y_i y_j \alpha_i \alpha_j (x_i \cdot x_j) - \sum_{j=1}^{l} \alpha_j \\ \text{s.t.} \ \sum_{i=1}^{l} y_i \alpha_i = 0 \\ \alpha_i \geqslant 0, i = 1, \cdots, l \end{cases}$$

这是一个不等式约束下二次函数寻优的问题, 根据 KKT 条件, 有

$$\alpha_i^* \left[y_i((\boldsymbol{\omega}^* \cdot x_i) + b^*) - 1\right] = 0$$

其中, $\boldsymbol{\alpha}^* = (\alpha_1^*, \cdots, \alpha_l^*)^{\mathrm{T}}$ 是对偶问题的解. 根据下列方式可以求出原始问题式的解 (ω^*, b^*)

$$\omega^* = \sum_{i=1}^{l} y_i \alpha_i^* x_i, \quad b = y_j - \sum_{i=1}^{l} y_i \alpha_i^* (x_i \cdot x_j)$$

由此, 可以构造出 SVM 的最优分类超平面, 由此求得决策函数为

$$f(x) = \text{sgn}\left(\sum_{i=1}^{l} a_i^* y_i((x_i \cdot x) + b^*)\right)$$

根据 $f(x)$ 的符号来确定测试样本 x 的类别标签.

当训练样本集为线性不可分时, 引入松弛变量 $\xi_i, \xi_i > 0$, 则线性不可分支持向量机模型为

$$\begin{cases} \min_{\boldsymbol{\omega}, b, \boldsymbol{\xi}} \dfrac{1}{2}\|\boldsymbol{\omega}\|^2 + C\sum_{i=1}^{l} \xi_i \\ \text{s.t.} \ y_i((\boldsymbol{\omega} \cdot x_i) + b) \geqslant 1 - \xi_i, \quad \xi_i \geqslant 0, i = 1, \cdots, l \end{cases}$$

其中 C 是惩罚参数, $C > 0$. 同样引入对偶问题, 得到上述优化问题的最优解为 $(\boldsymbol{\omega}^*, \boldsymbol{b}^*, \boldsymbol{\xi}^*)$.

8.2.2　非线性支持向量机

对于非线性问题, 引入一个从输入空间 $\mathbf{R}^n$ 到一个高维特征空间 H 的变换: $\Phi: X \subseteq \mathbf{R}^n \to X \subseteq H, \boldsymbol{x} \to \boldsymbol{x} = \Phi(\boldsymbol{x})$, 就将输入向量 $\boldsymbol{x}$ 映射到一个高维特征空间中, 在这个空间中构造线性的最优分类超平面.

在 8.2.1 小节中, 对偶问题只涉及样本点之间的内积运算 $(x_i \cdot x_j)$, 因此, SVM 引进核函数 $K(x_i, x_j)$ 替换样本点之间的内积运算, 也就是使得 $K(x_i, x_j) = (\Phi(x_i) \cdot \Phi(x_j))$. 从而避免在高维特征空间中进行复杂的运算. 使得对偶问题的计算复杂度不再依靠空间维数, 而取决于样本点中的支持向量数, 从而避免了 "维数灾难".

因此非线性支持向量机的对偶问题为如下优化问题:

$$\begin{cases} \min_{\boldsymbol{\alpha}} \dfrac{1}{2} \sum_{i=1}^{l} \sum_{j=1}^{l} y_i y_j \alpha_i \alpha_j K(x_i, x_j) - \sum_{j=1}^{l} \alpha_j \\ \text{s.t.} \sum_{i=1}^{l} y_i \alpha_i = 0 \\ C \geqslant \alpha_i \geqslant 0, i = 1, \cdots, l \end{cases}$$

这时的最优分类函数为

$$f(x) = \operatorname{sgn}\left\{ \sum_{i=1}^{l} y_i \alpha_i^* K(x_i, x) + b^* \right\}$$

常用的核函数有:

(1) 线性核函数: $K(x_i, x_j) = x_i \cdot x_j$;

(2) 多项式核函数: $K(x_i, x_j) = [(x_i \cdot x_j) + c]^q$, 其中 c 为常数, q 为多项式次数;

(3) 径向基核函数 (RBF): $K(x_i, x_j) = \exp(\|x_i - x_j\|^2/\sigma^2)$, 其中 σ 为核函数的宽度参数, 控制了函数的径向作用范围;

(4) 二层神经网络核函数: $K(x_i, x_j) = \tanh[v(x_i - x_j) + c]$, 其中 v 为一个标量, c 为偏离参数.

实际应用中, 究竟选用哪一种核函数比较好, 取决使用者对数据处理的要求, 一般情况下多选用径向基核函数.

8.2.3 半监督支持向量机

设二分类问题. 假设训练集中含有 l 个标号样本 $\{(x_i, y_i)\}_{i=1}^{l}$, $y_i = \pm 1$ 和 w 个未标号样本 $\{x_i\}_{i=l+1}^{l+w}$. 目的是找到标号向量 $y_w = [y_{l+1}, \cdots, y_{l+w}]$, 使得 SVM 在训练集 $S = \{(x_1, y_1), (x_2, y_2), \cdots, (x_l, y_l), (x_{l+1}, y_{l+1}), \cdots, (x_{l+w}, y_{l+w})\}$ 上的训练能得到最大间隔. 在线性情况下, SVM 能写成下面的最小化问题:

$$
\begin{cases}
\min \dfrac{1}{2}||\boldsymbol{\omega}||^2 + C \sum_{i=1}^{l} \xi_i + C^* \sum_{i=l+1}^{l+w} \xi_i \\
\text{s.t. } y_i(\boldsymbol{\omega}^{\mathrm{T}} x_i + b) \geqslant 1 - \xi_i, i = 1, \cdots, l \\
\quad |\boldsymbol{\omega}^{\mathrm{T}} x_i + b| \geqslant 1 - \xi_i, i = l+1, \cdots, l+w
\end{cases}
$$

对非线性的情况, 可以使用核函数来构造.

上面的最小化问题可以等价地写为下面的无约束最小化问题:

$$
\min_{(\boldsymbol{\omega},b) \in \mathbf{R}^{n+1}} \dfrac{1}{2}\boldsymbol{\omega}^2 + C \sum_{i=1}^{l} L(y_i(\boldsymbol{\omega}^{\mathrm{T}} x_i + b)) + C^* \sum_{i=l+1}^{l+w} L(|\boldsymbol{\omega}^{\mathrm{T}} x_i + b|)
$$

其中 L 为损失函数, $L(t) = \max\{0, 1 - t\}$.

8.3 清晰事件的可信度

定义 8.3.1 设两个清晰数 $A = [[x_1, x_n], f(x)]$, $B = [[y_1, y_m], g(y)]$, 其中

$$
f(x) = \begin{cases} \alpha_i, & x = x_i, i = 1, 2, \cdots, n \\ 0, & \text{其他} \end{cases}
$$

$$0 < \sum_{i=1}^{n} \alpha_i = \alpha \leqslant 1, \quad 0 < \alpha \leqslant 1, \quad i = 1, 2, \cdots, n$$

$$g(y) = \begin{cases} \beta_j, & y = y_j, j = 1, 2, \cdots, m \\ 0, & \text{其他} \end{cases}$$

$$0 < \sum_{j=1}^{m} \beta_j = \beta \leqslant 1, \quad 0 < \beta \leqslant 1, \quad j = 1, 2, \cdots, m$$

则称不等式 $A \leqslant B, A < B$ (或 $A \geqslant B, A > B$) 为清晰事件.

定义 8.3.2　定义清晰事件 $A \leqslant B$ 的可信度为 $\displaystyle\sum_{x_i \leqslant y_j} \alpha_i \beta_j$, 记为 $\mathrm{Cr}\{A \leqslant B\}$, 其中 $0 \leqslant \mathrm{Cr}\{A \leqslant B\} \leqslant \alpha\beta$.

(1) 当 $\mathrm{Cr}\{A \leqslant B\} = \alpha\beta$ 时, $A \leqslant B$, 即为 A 完全小于等于 B;

(2) 当 $\mathrm{Cr}\{A \leqslant B\} = 0$ 时, $A > B$, 即为 A 完全不小于等于 B;

(3) 当 $0 \leqslant \mathrm{Cr}\{A \leqslant B\} \leqslant \alpha\beta$ 时, 即为 A 部分小于等于 B, 部分不小于等于 B.

根据定义 8.3.2, 可以定义清晰事件 $A > B, A \geqslant B, A < B$ 的可信度. 在定义 8.3.2 中, 如果清晰事件 $A \leqslant B$ 中 A 为实数, 则 $A \leqslant B$ 的可信度为

$$\mathrm{Cr}\{A \leqslant B\} = \sum_{y_j \geqslant A} \beta_j = \beta - \sum_{y_j < A} \beta_j = \beta - F(y_l)$$

其中, $y_l = \max\{y_j | y_j < A\}$, $F(y_l)$ 为清晰数 (分布函数型), B 的分布函数在 y_l 处的值.

如果清晰事件 $A \leqslant B$ 中 B 为实数, 则 $A \leqslant B$ 的可信度为

$$\mathrm{Cr}\{A \leqslant B\} = \sum_{x_i \leqslant B} \alpha_i = F(x_s)$$

其中, $x_s = \max\{x_i | x_i \leqslant B\}$, $F(x_s)$ 为清晰数 (分布函数型) A 的分布函数在 x_s 处的值.

8.4 清晰机会约束规划及其解法

定义 8.4.1 称规划

$$
\begin{cases}
\max \overline{\varphi} \\
\text{s.t.} \quad \mathrm{Cr}\{\varphi(\boldsymbol{x}, \boldsymbol{B}) \geqslant \overline{\varphi}\} \geqslant \rho \\
\quad\quad \mathrm{Cr}\{g_i(\boldsymbol{x}, \boldsymbol{A}_i) \leqslant 0, i = 1, 2, \cdots, l\} \geqslant \lambda
\end{cases}
$$

为清晰机会约束规划, 其中, $\boldsymbol{B}$, $\boldsymbol{A}_i (i = 1, 2, \cdots, l)$ 为清晰参数向量, $\boldsymbol{x}$ 为决策向量, $\varphi(\boldsymbol{x}, \boldsymbol{B})$ 称为目标函数, 既是决策向量 $\boldsymbol{x}$ 的函数, 也是清晰参数的有理函数, $g_i(\boldsymbol{x}, \boldsymbol{A}_i)(i = 1, 2, \cdots, l)$ 称为约束条件, 既是决策向量 $\boldsymbol{x}$ 的函数, 又是清晰参数向量 $\boldsymbol{A}_i(i = 1, 2, \cdots, l)$ 的有理函数, λ 是事先给定的约束条件的置信水平, ρ 是目标函数的置信水平, $\lambda, \rho \in (0, 1]$; $\mathrm{Cr}\{\cdot\}$ 是清晰事件 $\{\cdot\}$ 的可信度.

下面给出清晰机会约束规划的解法.

我们可以找到一个不含清晰参数的约束函数 $g_i^*(x) \leqslant 0 (i = 1, 2, \cdots, l)$, 使得 $g_i^*(\boldsymbol{x}) \leqslant 0$ 与 $\mathrm{Cr}\{g_i(\boldsymbol{x}, \boldsymbol{A}_i) \leqslant 0, i = 1, 2, \cdots, l\} \geqslant \lambda$ 等价.

下面我们给出一个定理, 证明当约束条件 $g_i(\boldsymbol{x}, \boldsymbol{A}_i)(i = 1, 2, \cdots, l)$ 为特殊情形 $g_i(\boldsymbol{x}, \boldsymbol{A}_i) = |h_i(\boldsymbol{x}) - \boldsymbol{A}_i^*|$, $i = 1, 2, \cdots, l$ 时, 可将 $\mathrm{Cr}\{g_i(\boldsymbol{x}, \boldsymbol{A}_i) \leqslant 0, i = 1, 2, \cdots, l\} \geqslant \lambda$ 化为经典等价类. 其中 $h_i(\boldsymbol{x})(i = 1, 2, \cdots, l)$ 为决策向量 $\boldsymbol{x}$ 的函数, $\boldsymbol{A}_i^*(i = 1, 2, \cdots, l)$ 为清晰数.

为叙述方便, 设 $h_i(\boldsymbol{x}) = h(\boldsymbol{x})$, $\boldsymbol{A}_i^* = \boldsymbol{A}$.

定理 8.4.1 设 $h(\boldsymbol{x})$ 为决策向量 $\boldsymbol{x}$ 的函数, $A = [[x_1, x_n], f(x)]$ 为清晰数, 其中

$$
f(x) = \begin{cases}
\alpha_j, & x = x_j, j = 1, 2, \cdots, n \\
0, & \text{其他}
\end{cases}
$$

$$
0 < \sum_{j=1}^{n} \alpha_j = \alpha \leqslant 1, \quad 0 < \alpha \leqslant 1, \quad j = 1, 2, \cdots, n
$$

则有:

(1) 当 $g_i(x, A_i) = h(x) - A$ 时

$$h(x) \leqslant E(E = \max\{x_k | F(x_{k-1}) \cong \alpha - \lambda, k = 2, 3, \cdots, n\})$$

与 $\mathrm{Cr}\{h(x) \leqslant A\} \geqslant \lambda$ 等价, $\alpha \geqslant \lambda, F(\cdot)$ 为清晰数 (分布函数型) A 的分布函数, 符号 $\cong$ 表示 $=$ 或 $\approx$, 下同.

(2) 当 $g_i(x, A_i) = A - h(x)$ 时

$$h(x) \geqslant E(E = \min\{x_k | f(x_k) \cong \lambda, k = 1, 2, \cdots, n\})$$

与

$$\mathrm{Cr}\{h(x) \geqslant A\} \geqslant \lambda$$

等价.

综上所述, 求解 $\mathrm{Cr}\{g_i(x, A_i) = h(x) - A \leqslant 0\} \geqslant \lambda$ 的经典等价类的步骤分为以下四步.

(1) 先将清晰数 $A = [[x_1, x_n], f(x)]$, 其中 $f(x)$ 如定理 8.4.1 所示, 化为其分布函数型 $A = \{[x_1, x_n], F(x)\}$, 其中

$$F(x) = \begin{cases} 0, & x < x_1 \\ \cdots\cdots \\ \displaystyle\sum_{j=1}^{k} \alpha_j, & x_k \leqslant x < x_{k+1}, k = 1, 2, \cdots, n-1 \\ \cdots\cdots \\ \alpha, & x \geqslant x_n \end{cases}$$

(2) 已知事先给定关于约束条件的置信水平 λ, 以及 A 的总可信度 α, 求出 $\alpha - \lambda$;

(3) 根据定理 8.4.1, 求出 E. 也就是找出 $F(x_{k-1}) = \alpha - \lambda$ (或 $F(x_{k-1}) \approx \alpha - \lambda$) 的最大的 x_k, 即为 E;

(4) $\mathrm{Cr}\{h(x) \leqslant A\} \geqslant \lambda$ 的经典等价类即为式子 $h(x) \leqslant E$.

8.5 线性清晰支持向量机

已知训练样本集 $S = \{(x_1, y_1), (x_2, y_2), \cdots, (x_l, y_l)\}$, 其中 $x_l \in \mathbf{R}^n$, $y \in \{-1, 1\}$, $i = 1, 2, \cdots, l$ 在线性可分下, 标准的支持向量机模型为

$$\begin{cases} \min\limits_{\boldsymbol{\omega}, b} \dfrac{1}{2}||\boldsymbol{\omega}||^2 \\ \text{s.t. } y_i((\boldsymbol{\omega} \cdot x_i) + b) \geqslant 1, \quad i = 1, \cdots, l \end{cases}$$

其解为 $(\boldsymbol{\omega}^*, b^*)$, 决策函数为: $f(x) = (\boldsymbol{\omega}^* \cdot x) + b^*$.

当样本点的类别标签是确定性信息时, 可以用上面标准支持向量机模型求解. 如果支持向量机的训练样本点中含有清晰信息时, 标准支持向量机模型就无能为力. 因此针对这种情况, 我们提出一种清晰支持向量机, 其思路如下.

首先, 将清晰信息转化为如下形式的清晰数:

$$A = [[y_1, y_n], f(y)]$$

其中

$$f(y) = \begin{cases} \alpha_j, & y = y_j, j = 1, \cdots, n \\ 0, & y \neq y_j, y \in [y_1, y_n] \end{cases}$$

因此清晰支持向量机的训练集为

$$S = \{(x_1, A_1), (x_2, A_2), \cdots, (x_l, A_l)\}$$

其中, $x_i \in \mathbf{R}^n$, A_i 为形如上式的清晰数, $(x_i, A_i)(i = 1, 2, \cdots, l)$ 为清晰训练点.

设清晰训练集如上式所示, 对于给定的置信水平 $\lambda(0 < \lambda \leqslant 1)$, 若存在 $\boldsymbol{\omega} \in \mathbf{R}^n$, $b \in \mathbf{R}$ 使得

$$\text{Cr}\{A_i((\boldsymbol{\omega} \cdot x_i) + b) \geqslant 1\} \geqslant \lambda, \quad i = 1, \cdots, l$$

则称清晰训练集在置信水平 λ 下线性可分.

在线性可分情况下, 基于最大间隔原则, 可将清晰分类问题 (训练点中含有清晰信息的分类问题) 转化为求解如下的清晰机会约束规划问题:

$$
\begin{cases}
\min\limits_{\boldsymbol{\omega},b} \dfrac{1}{2}\|\boldsymbol{\omega}\|^2 \\
\text{s.t. } \mathrm{Cr}\{A_i((\boldsymbol{\omega}\cdot x_i)+b)\geqslant 1\}\geqslant \lambda, \quad i=1,\cdots,l
\end{cases}
$$

其中, $(\boldsymbol{\omega},b)^{\mathrm{T}}$ 为决策变量, $A_i(i=1,2,\cdots,l)$ 为清晰训练集中的清晰数, $\mathrm{Cr}\{\cdot\}$ 为清晰事件 $\{\cdot\}$ 的可信度.

为了求解清晰机会约束规划, 我们给出如下定理.

定理 8.5.1 设 $(\omega_1,\omega_2,\cdots,\omega_n)\in\mathbf{R}^n$, 在置信水平 $\lambda(0<\lambda\leqslant 1)$ 下, 上述清晰机会约束规划的经典等价规划为

$$
\begin{cases}
\min\limits_{\boldsymbol{\omega},b} \dfrac{1}{2}\|\boldsymbol{\omega}\|^2 \\
\text{s.t. } E_i((\boldsymbol{\omega}\cdot \boldsymbol{x}_i)+b)\geqslant 1, \quad i=1,\cdots,l
\end{cases}
$$

其中, $E_i=\max\{y_{ik}|F(y_{i(k-1)})\cong\alpha-\lambda,k=2,3,\cdots,n\}>0$, 或者, $E_i=\min\{y_{ik}|F(y_{ik})\cong\lambda,k=1,2,3,\cdots,n\}<0$, 符号 $\cong$ 表示 $=$ 或 $\approx$, 下同. $F(y_{i(k-1)})$ 为清晰数 (分布函数型) A_i 的分布函数在 $y_{i(k-1)}$ 处的值. $F(y_{ik})$ 为清晰数 (分布函数型) A_i 的分布函数在 y_{ik} 处的值.

证明 已知 $\boldsymbol{\omega}=(\omega_1,\omega_2,\cdots,\omega_n)\in\mathbf{R}^n$, $\boldsymbol{x}_i^{\mathrm{T}}=(x_{i1},x_{i2},\cdots,x_{in})\in\mathbf{R}^n$, $b\in\mathbf{R}$, 对于清晰机会约束规划中的清晰约束条件, $A_i=[[y_{i1},y_{in}],f_i(y)]$,

$$
f_i(y)=\begin{cases}
\alpha_{ij}, & y=y_{ij}, j=1,\cdots,n \\
0, & \text{其他}
\end{cases}
$$

$$
0<\sum_{j}^{n}\alpha_{ij}\leqslant 1, \quad 0<\alpha_{ij}\leqslant 1, \quad j=1,\cdots,n
$$

我们令 $\boldsymbol{\omega}'=(b,\omega_1,\omega_2,\cdots,\omega_n)$, $\boldsymbol{x}_i'=(1,x_{i1},x_{i2},\cdots,x_{in})^{\mathrm{T}}$, 则有

$$
\begin{aligned}
(\boldsymbol{\omega}'\cdot \boldsymbol{x}_i') &= (b,\omega_1,\omega_2,\cdots,\omega_n)(1,x_{i1},x_{i2},\cdots,x_{in})^{\mathrm{T}} \\
&= \omega_1 x_{i1}+\omega_2 x_{i2}+\cdots+\omega_n x_{in}+b=(\boldsymbol{\omega}\cdot \boldsymbol{x}_i)+b
\end{aligned}
$$

故可将 $\mathrm{Cr}\{A_i((\boldsymbol{\omega}\cdot\boldsymbol{x}_i)+b)\geqslant 1\}\geqslant\lambda, i=1,\cdots,l$ 表示为

$$\mathrm{Cr}\{A_i(\boldsymbol{\omega}'\cdot\boldsymbol{x}_i')\geqslant 1\}\geqslant\lambda$$

即

$$\mathrm{Cr}\{1-A_i(\boldsymbol{\omega}'\cdot\boldsymbol{x}_i')\leqslant 0\}\geqslant\lambda$$

当 $(\boldsymbol{\omega}'\cdot\boldsymbol{x}_i')=0$ 时, 样本点在分离超平面上, 对于整个问题的求解不起作用, 因此, 只需考虑样本点不在分离超平面上的情况, 即 $(\boldsymbol{\omega}'\cdot\boldsymbol{x}_i')\neq 0$ 时的情况. 因此可得到

$$\mathrm{Cr}\left\{(\boldsymbol{\omega}'\cdot\boldsymbol{x}_i')\left[\frac{1}{(\boldsymbol{\omega}'\cdot\boldsymbol{x}_i')}-A_i\right]\leqslant 0\right\}\geqslant\lambda$$

令 $h_i(\boldsymbol{\omega}')=\left(\dfrac{1}{\boldsymbol{\omega}'\cdot\boldsymbol{x}_i'}\right)$, 根据清晰事件可信度的定义, 可得到下面的形式:

$$\begin{cases} \mathrm{Cr}\{h_i(\boldsymbol{\omega}')-A_i\leqslant 0\}\geqslant\lambda, & \boldsymbol{\omega}'\cdot\boldsymbol{x}_i'>0 \\ \mathrm{Cr}\{A_i-h_i(\boldsymbol{\omega}')\leqslant 0\}\geqslant\lambda, & \boldsymbol{\omega}'\cdot\boldsymbol{x}_i'<0 \end{cases}$$

为了方便下述证明, 设 $h_i(\boldsymbol{\omega}')=h(\boldsymbol{\omega}')$, $A_i=A$, 则有

$$\left|h_i(\boldsymbol{\omega}')-A_i\right|=\left|h(\boldsymbol{\omega}')-A\right|$$

(1) 当 $h(\boldsymbol{\omega}')-A\leqslant 0$, $\boldsymbol{\omega}'\cdot\boldsymbol{x}_i'>0$ 时: 对于 $\mathrm{Cr}\{h(\boldsymbol{\omega}')-A\leqslant 0\}\geqslant\lambda$, $0<\lambda\leqslant 1$, 且 $\lambda\leqslant\alpha$, 则必存在实数 P, 使得 $\mathrm{Cr}\{P\leqslant A\}\geqslant\lambda$, 故

$$\mathrm{Cr}\{P\leqslant A\}=\sum_{y_j\geqslant P}\alpha_j=\alpha-\sum_{y_j<P}\alpha_j=\alpha-F(y_{k-1}),\quad j=1,\cdots,n$$

其中 $y_k=\max\{y_j|y_j<P,j=1,\cdots,n\}$.

因为 $F(y_{k-1})$ 为清晰数 (分布函数型) A 的分布函数在 y_{k-1} 处的值, 所以 $F(y_{k-1})\cong\alpha-\lambda$.

用一个较小的实数 P' 代替 P, 则可信度将随之增加, 即 $\mathrm{Cr}\{P' \leqslant A\} \geqslant \lambda$. 因为

$$\mathrm{Cr}\{P \leqslant A\} = \sum_{y_j \geqslant P} \alpha_j \leqslant \sum_{y_j \geqslant P'} \alpha_j = \mathrm{Cr}\{P' \leqslant A\}$$

所以 $\mathrm{Cr}\{P \leqslant A\} \geqslant \lambda$ 等价于 $h(\boldsymbol{\omega}') \leqslant P$.

其中

$$P = \max\{y_k | F(y_{k-1}) \cong \alpha - \lambda, k = 2, 3, \cdots, n\}$$

(2) 当 $h(\boldsymbol{\omega}') - A \geqslant 0$ 时: $\mathrm{Cr}\{h(\boldsymbol{\omega}') - A \geqslant 0\} \geqslant \lambda$ 等价于 $h(\boldsymbol{\omega}') \geqslant H$, 其中

$$H = \min\{y_k | F(y_k) \cong \lambda, k = 1, 2, 3, \cdots, n\}$$

由此可以得到

$$\begin{cases} \min_{\boldsymbol{\omega}, b} \dfrac{1}{2}\|\boldsymbol{\omega}\|^2 \\ \text{s.t. } \boldsymbol{\omega}' \cdot \boldsymbol{x}_i' > 0 \\ \quad \dfrac{1}{(\boldsymbol{\omega}' \cdot \boldsymbol{x}_i')} \leqslant P_i \end{cases}$$

其中, $P_i = \max\{y_{ik} | F(y_{i(k-1)}) \cong \alpha - \lambda, k = 2, 3, \cdots, n\}$, $F(y_{i(k-1)})$ 为清晰数 (分布函数型) A_i 的分布函数在 $y_{i(k-1)}$ 处的值.

或者为

$$\begin{cases} \min_{\boldsymbol{\omega}, b} \dfrac{1}{2}\|\boldsymbol{\omega}\|^2 \\ \text{s.t. } \boldsymbol{\omega}' \cdot x_i' < 0 \\ \quad \dfrac{1}{(\boldsymbol{\omega}' \cdot \boldsymbol{x}_i')} \geqslant H_i \end{cases}$$

其中, $H_i = \min\{y_{ik} | F(y_{ik}) \cong \lambda, k = 1, 2, 3, \cdots, n\}$, $F(y_{ik})$ 为清晰数 (分布函数型) A_i 的分布函数在 y_{ik} 处的值.

因此, 以上两式可以简化为如下二次规划:

$$\begin{cases} \min_{\boldsymbol{\omega}, b} \dfrac{1}{2}\|\boldsymbol{\omega}\|^2 \\ \text{s.t. } (\boldsymbol{\omega}' \cdot \boldsymbol{x}_i')E_i \geqslant 1, \quad i = 1, \cdots, l \end{cases}$$

其中

$$E_i = P_i = \max\{y_{ik}|F(y_{i(k-1)}) \cong \alpha - \lambda, k = 2,3,\cdots,n\} > 0$$

或

$$E_i = H_i = \min\{y_{ik}|F(y_{ik}) \cong \lambda, k = 1,2,3,\cdots,n\} < 0$$

$F(y_{i(k-1)})$ 为清晰数 (分布函数型) A_i 的分布函数在 $y_{i(k-1)}$ 处的值. $F(y_{ik})$ 为清晰数 (分布函数型) A_i 的分布函数在 y_{ik} 处的值. 证毕.

定理 8.5.2 上述二次规划式的最优解存在.

定理 8.5.3 上述二次规划式的对偶规划为

$$\begin{cases} \min_{\boldsymbol{\alpha}} \dfrac{1}{2}\sum_{i=1}^{l}\sum_{j=1}^{l} E_i E_j \alpha_i \alpha_j (x_i \cdot x_j) - \sum_{j=1}^{l} \alpha_j \\ \text{s.t.} \sum_{i=1}^{l} E_i \alpha_i = 0 \\ \qquad \alpha_i \geqslant 0, \quad i = 1,\cdots,l \end{cases}$$

证明 首先引入 Lagrange 函数

$$L(\boldsymbol{\omega}, b, \boldsymbol{\alpha}) = \frac{1}{2}||\boldsymbol{\omega}||^2 - \sum_{i=1}^{l} \alpha_i(E_i((\boldsymbol{\omega} \cdot x_i) + b) - 1)$$

其中, $\boldsymbol{\alpha} = (\alpha_1,\cdots,\alpha_l)^{\mathrm{T}} \in \mathbf{R}_+^l$ 为 Lagrange 乘子. 根据 Wolfe 对偶的定义, 先求 Lagrange 函数关于 $\boldsymbol{\omega}, b$ 的极值. 由极值条件:

$$\nabla_{\boldsymbol{\omega}} L(\boldsymbol{\omega}, b, \boldsymbol{\alpha}) = 0, \quad \nabla_b L(\boldsymbol{\omega}, b, \boldsymbol{\alpha}) = 0$$

得到

$$\boldsymbol{\omega} = \sum_{i=1}^{l} E_i \alpha_i x_i$$

$$\sum_{i=1}^{l} E_i \alpha_i = 0$$

把 $\omega = \sum\limits_{i=1}^{l} E_i \alpha_i x_i$ 代入 Lagrange 函数, 并利用 $\sum\limits_{i=1}^{l} E_i \alpha_i = 0$, 求得原始优化问题的对偶问题可表示为

$$
\begin{cases}
\min\limits_{\boldsymbol{\alpha}} -\dfrac{1}{2} \sum\limits_{i=1}^{l} \sum\limits_{j=1}^{l} E_i E_j \alpha_i \alpha_j (x_i \cdot x_j) - \sum\limits_{j=1}^{l} \alpha_j \\
\text{s.t.} \ \sum\limits_{i=1}^{l} E_i \alpha_i = 0 \\
\quad \alpha_i \geqslant 0, \quad i = 1, \cdots, l
\end{cases}
$$

证毕.

定理 8.5.4　设参数对 $(\boldsymbol{\omega}^*, b^*)$ 是原始问题的解, 对偶问题是一个凸二次规划, 则必有解 $\boldsymbol{\alpha}^* = (\alpha_1^*, \cdots, \alpha_l^*)^{\mathrm{T}}$, 使得

$$
\boldsymbol{\omega}^* = \sum_{i=1}^{l} E_i \alpha_i^* x_i, \quad b^* = E_j - \sum_{i=1}^{l} E_i \alpha_i^* (x_i \cdot x_j), \quad j \in \{j \mid \alpha_j^* > 0\}
$$

证明略.

定义 8.5.1　对于清晰训练集 S 中的输入向量 $\boldsymbol{x}_i$, 如果它所对应的 Lagrange 系数 $\alpha_i^* > 0$, 则称 $\boldsymbol{x}_i$ 为清晰支持向量.

最后, 构造最优分类函数为

$$
f(x) = \mathrm{sgn}((\boldsymbol{\omega}^* \cdot \boldsymbol{x}) + b^*)
$$

通过以上讨论, 我们得出如下算法.

算法 8.5.1(线性可分清晰支持向量机)　(1) 已知线性可分清晰训练集. 选择适当的置信水平 $\lambda(0 < \lambda \leqslant 1)$; 并根据 $E_i = \max\{y_{ik} \mid F(y_{i(k-1)}) \cong \alpha - \lambda, k = 2, 3, \cdots, n\}$ 以及 $E_i = \min\{y_{ik} \mid F(y_{ik}) \cong \lambda, k = 1, 2, 3, \cdots, n\}$ 求出 E_i, 其中, $F(y_{i(k-1)})$ 为清晰数 (分布函数型) A_i 的分布函数在 $y_{i(k-1)}$ 处的值, $F(y_{ik})$ 为清晰数 (分布函数型) A_i 的分布函数在 y_{ik} 处的值.

(2) 构造最优化问题

$$
\begin{cases}
\min_{\boldsymbol{\alpha}} \dfrac{1}{2} \sum_{i=1}^{l} \sum_{j=1}^{l} E_i E_j \alpha_i \alpha_j (\boldsymbol{x}_i \cdot \boldsymbol{x}_j) - \sum_{j=1}^{l} \alpha_j \\
\text{s.t.} \ \sum_{i=1}^{l} E_i \alpha_i = 0 \\
\quad\ \alpha_i \geqslant 0, \quad i = 1, \cdots, l
\end{cases}
$$

并求出最优化问题的最优解 $\boldsymbol{\alpha}^* = (\alpha_1^*, \cdots, \alpha_l^*)^{\mathrm{T}}$.

(3) 计算 $\boldsymbol{\omega}^* = \sum_{i=1}^{l} E_i \alpha_i^* \boldsymbol{x}_i$; 选择 $\boldsymbol{\alpha}^*$ 的一个正分量 α_i^*, 并据此计算

$$
b^* = E_j - \sum_{i=1}^{l} E_i \alpha_i^* (\boldsymbol{x}_i \cdot \boldsymbol{x}_j);
$$

(4) 构造决策函数: $f(x) = \operatorname{sgn}\left(\sum_{i=1}^{l} E_i \alpha_i^* (\boldsymbol{x} \cdot \boldsymbol{x}_i) + b^* \right)$.

注 (1) 二次规划式 (8.5.29) 的最优解 $(\alpha_1^*, \cdots, \alpha_l^*)^{\mathrm{T}}$ 中只有一部分 (通常是少部分) α_i^* 不为零, 而它们所对应的清晰训练点的输入 $\boldsymbol{x}_i$ 称为清晰支持向量. 所以最优分类函数可表示为

$$
f(x) = \operatorname{sgn}\left(\sum_{\text{USV}} E_i \alpha_i^* (\boldsymbol{x} \cdot \boldsymbol{x}_i) + b^* \right)
$$

其中 (USVM) 为清晰支持向量组成的集合.

(2) 若清晰训练集中所有清晰训练点的类别标签全为实数 1 或 -1, 则清晰训练集退化为普通训练集. 因此线性可分清晰支持向量机变为线性可分支持向量机.

8.6 非线性清晰支持向量机

8.5 节我们讨论了线性可分情况下的清晰支持向量机, 本节讨论非线性情况下的清晰支持向量机.

已知非线性清晰训练集为

$$S = \{(x_1, A_1), (x_2, A_2), \cdots, (x_l, A_l)\}$$

其中, $x_i \in \mathbf{R}^n, A_i$ 为如前形式的清晰数, $(x_i, A_i)(i = 1, 2, \cdots, l)$ 为清晰训练点.

对于非线性问题, 引入从输入空间 $\mathbf{R}^n$ 到一个高维特征空间 H 的变换:

$$\Phi : X \subseteq \mathbf{R}^n \to X \subseteq H, \ x \to x = \Phi(x)$$

那么对应的非线性清晰训练集 S 变为

$$S = \{(\Phi(x_1), A_1), (\Phi(x_2), A_2), \cdots, (\Phi(x_l), A_l)\}$$

因此, 原空间 $\mathbf{R}^n$ 上的非线性清晰问题转化为特征空间 H 上的清晰线性可分问题. 所以在置信水平 $\lambda(0 < \lambda \leqslant 1)$ 下, 非线性清晰问题转化为求解如下清晰机会约束规划:

$$\begin{cases} \min_{\boldsymbol{\omega} \in H, b \in \mathbf{R}, \xi \in \mathbf{R}^l} \dfrac{1}{2}\|\boldsymbol{\omega}\|^2 + C \sum_{i=1}^l \xi_i \\ \text{s.t. } \mathrm{Cr}\{A_i((\boldsymbol{\omega} \cdot \Phi(x_i)) + b) \geqslant 1 - \xi_i\} \geqslant \lambda, i = 1, \cdots, l \\ \xi_i \geqslant 0, \quad i = 1, \cdots, l \end{cases}$$

其中 C 是惩罚参数, $C > 0$.

定理 8.6.1　在置信水平 $\lambda(0 < \lambda \leqslant 1)$ 下, 上式的经典等价规划为

$$\begin{cases} \min_{\boldsymbol{\omega}, b} \dfrac{1}{2}\|\boldsymbol{\omega}\|^2 + C \sum_{i=1}^l \xi_i \\ \text{s.t. } E_i((\boldsymbol{\omega} \cdot \Phi(x_i)) + b) \geqslant 1 - \xi_i, \quad i = 1, \cdots, l \\ \xi_i \geqslant 0, \quad i = 1, \cdots, l \end{cases}$$

其中

$$E_i = \max\{y_{ik}|F(y_{i(k-1)}) \cong \alpha - \lambda, k = 2, 3, \cdots, n\} > 0$$

或者

$$E_i = \min\{y_{ik}|F(y_{ik}) \cong \lambda, k = 1, 2, 3, \cdots, n\} < 0$$

$F(y_{i(k-1)})$ 为清晰数 (分布函数型) A_i 的分布函数在 $y_{i(k-1)}$ 处的值. $F(y_{ik})$ 为清晰数 (分布函数型) A_i 的分布函数在 y_{ik} 处的值.

定理 8.6.2 定理 8.6.1 中二次规划的最优解存在.

定理 8.6.3 在置信水平 $\lambda(0 < \lambda \leqslant 1)$ 下, 惩罚参数 $C > 0$, 定理 8.6.1 中二次规划的对偶问题为

$$\begin{cases} \min_{\boldsymbol{\alpha}} \dfrac{1}{2}\sum_{i=1}^{l}\sum_{j=1}^{l}E_iE_j\alpha_i\alpha_j(\Phi(x_i)\cdot\Phi(x_j)) - \sum_{j=1}^{l}\alpha_j \\ \text{s.t.} \sum_{i=1}^{l}E_i\alpha_i = 0 \\ \qquad 0 \leqslant \alpha_i \leqslant C, \quad i = 1, \cdots, l \end{cases}$$

引入核函数

$$K(x_i, x_j) = \Phi(x_i) \cdot \Phi(x_j)$$

则高维空间上的内积运算只需在原空间上进行, 则上述对偶规划变为

$$\begin{cases} \min_{\boldsymbol{\alpha}} \dfrac{1}{2}\sum_{i=1}^{l}\sum_{j=1}^{l}E_iE_j\alpha_i\alpha_jK(x_i, x_j) - \sum_{j=1}^{l}\alpha_j \\ \text{s.t.} \sum_{i=1}^{l}E_i\alpha_i = 0 \\ \qquad 0 \leqslant \alpha_i \leqslant C, \quad i = 1, \cdots, l \end{cases}$$

定理 8.6.4 若 K 是正定核, 则上述对偶规划是一个凸二次规划问题.

定理 8.6.5 若 $\boldsymbol{\alpha}^* = (\alpha_1^*, \cdots, \alpha_l^*)^{\mathrm{T}}$ 是对偶规划的解, 若存在 $\boldsymbol{\alpha}^*$ 的正分量 α_i^*, 则原始规划对 $(\boldsymbol{\omega}, b)$ 的解是存在且唯一的. 此时问题的解

$(\boldsymbol{\omega}^*, b^*)$ 可表示为

$$\boldsymbol{\omega}^* = \sum_{i=1}^{l} E_i \alpha_i^* x_i, \quad b^* = E_j - \sum_{i=1}^{l} E_i \alpha_i^* K(x_i, x_j)$$

若不存在 $\boldsymbol{\alpha}^*$ 的正分量 α_i^*, 原始问题对 $\boldsymbol{\omega}$ 的解仍然是存在且唯一的, 但是对 b 的解存在而不一定唯一, 此时问题的解 $(\boldsymbol{\omega}^*, b^*)$ 可表示为

$$\{(\boldsymbol{\omega}, b) | \boldsymbol{\omega} = \boldsymbol{\omega}^*, b \in [\underline{b}, \overline{b}]\}$$

其中

$$\boldsymbol{\omega}^* = \sum_{i=1}^{l} E_i \alpha_i^* x_i$$

$$\underline{b} = \min\left\{ \min_{j \in S_+}\left\{ 1 - \sum_{i=1}^{l} E_i \alpha_i^* K(x_i, x_j) \right\} \min_{j \in V_-}\left\{ -1 - \sum_{i=1}^{l} E_i \alpha_i^* K(x_i, x_j) \right\} \right\}$$

$$\overline{b} = \max\left\{ \max_{j \in S_-}\left\{ -1 - \sum_{i=1}^{l} E_i \alpha_i^* K(x_i, x_j) \right\} \max_{j \in V_+}\left\{ -1 - \sum_{i=1}^{l} E_i \alpha_i^* K(x_i, x_j) \right\} \right\}$$

这里 S_+ 为对应 $\alpha_i^* = C$ 的正类样本点的下标集合, S_- 为对应 $\alpha_i^* = C$ 的负类样本点的下标集合, V_+ 为对应 $\alpha_i^* = 0$ 的正类样本点的下标集合, V_- 为对应 $\alpha_i^* = 0$ 的负类样本点的下标集合.

最后, 构造最优分类函数为

$$f(x) = \text{sgn}((\boldsymbol{\omega}^* \cdot x) + b^*)$$

根据以上讨论, 我们得到如下算法.

算法 8.6.1 (非线性清晰支持向量机)　(1) 已知非线性清晰训练集 $S = \{(x_1, A_1), (x_2, A_2), \cdots, (x_l, A_l)\}$, 其中 $x_i \in \mathbf{R}^n$, $A_i = [[y_{i1}, y_{in}], f(y)]$, $i = 1, 2, \cdots, l$. 选择适当的置信水平 $\lambda (0 < \lambda \leqslant 1)$, 根据 $E_i = \max\{y_{ik} | F(y_{i(k-1)}) \cong \alpha - \lambda, k = 2, 3, \cdots, n\}$ 以及 $E_i = \min\{y_{ik} | F(y_{ik}) \cong \lambda, k = 1, 2, 3, \cdots, n\}$ 求

出 E_i, 其中, $F(y_{i(k-1)})$ 为清晰数 (分布函数型) A_i 的分布函数在 $y_{i(k-1)}$ 处的值, $F(y_{ik})$ 为清晰数 (分布函数型) A_i 的分布函数在 y_{ik} 处的值.

(2) 选取适当的核函数 $K(x, x')$, 以及适当的惩罚参数 $C, C > 0$, 构造最优化问题

$$
\begin{cases}
\min_{\boldsymbol{\alpha}} \dfrac{1}{2} \sum_{i=1}^{l} \sum_{j=1}^{l} E_i E_j \alpha_i \alpha_j K(x_i, x_j) - \sum_{j=1}^{l} \alpha_j \\
\text{s.t.} \sum_{i=1}^{l} E_i \alpha_i = 0 \\
\quad C \geqslant \alpha_i \geqslant 0, \quad i = 1, \cdots, l
\end{cases}
$$

并求出最优化问题的最优解 $\boldsymbol{\alpha}^* = (\alpha_1^*, \cdots, \alpha_l^*)^{\mathrm{T}}$.

(3) 计算 $\boldsymbol{\omega}^* = \sum_{i=1}^{l} E_i \alpha_i^* x_i$, 选择 $\boldsymbol{\alpha}^*$ 的一个正分量 α_i^*, 并据此计算 $b^* = E_j - \sum_{i=1}^{l} E_i \alpha_i^* K(x_i, x_j)$.

(4) 构造决策函数: $f(x) = \mathrm{sgn}\left(\sum_{i=1}^{l} E_i \alpha_i^* K(x, x_i) + b^* \right)$.

注 (1) 上述二次规划式的最优解 $(\alpha_1^*, \cdots, \alpha_l^*)^{\mathrm{T}}$ 中只有一部分 (通常是少部分) α_i^* 不为零, 而它们所对应的清晰训练点的输入 x_i 称为清晰支持向量. 所以最优分类函数可表示为

$$
f(x) = \mathrm{sgn}\left(\sum_{\mathrm{USV}} E_i \alpha_i^* K(x, x_i) + b^* \right)
$$

其中 USVM 为清晰支持向量组成的集合.

(2) 若清晰训练集中所有清晰训练点的类别标签全为实数 1 或 -1, 则未经典训练集退化为普通训练集. 因此非线性清晰支持向量机变为非线性支持向量机.

(3) 选择不同的核函数, 可以生成不同的清晰支持向量机, 常用的有以下四种:

(i) 线性清晰支持向量机: $K(x_i, x_j) = x_i \cdot x_j$;

(ii) 多项式清晰支持向量机: $K(x_i, x_j) = [(x_i \cdot x_j) + c]^q, c \geqslant 0$;

(iii) 径向基清晰支持向量机: $K(x_i, x_j) = \exp(\|x_i - x_j\|^2/\sigma^2)$;

(iv) 二层神经网络清晰支持向量机: $K(x_i, x_j) = \tanh[v(x_i - x_j) + c]$.

(4) 清晰支持向量机中的置信水平 $\lambda(0 < \lambda \leqslant 1)$ 是事先给定的, 选择不同的 λ, 就会得到不同的最优分类函数. 如何选取 λ, 属于参数选择问题 [48]. 例如, 最小化 "留一法 (leave-one-out, LOO)" 错误率, 估计 LOO 错误率上界从而去调整 SVM 参数等. 不同的应用背景和决策者, 对其的精度要求和决策方法也会不同.

8.7　数　据　试　验

为了说明上述算法是合理的, 下面我们给出一个具体算例.

设清晰支持向量机的训练集为

$$S = \{(x_1, y_1), (x_2, y_2), (x_3, A_3), (x_4, y_4), (x_5, A_5)\}$$

其中, $x_1 = (1.5, 0), x_2 = (0, 0), x_3 = (0, 1), x_4 = (2, 1), x_5 = (2, 2)$; $y_1 = 1, y_2 = 1, y_4 = -1$ 为二维平面上的点. A_3, A_5 为具有以下形式的清晰数:

$$A_3 = [[-1, 1], f(y)]; \quad A_5 = [[-1, 1], g(y)]$$

$$f(y) = \begin{cases} 0.2, & y = -1 \\ 0.7, & y = 1 \\ 0, & \text{其他} \end{cases}$$

$$g(y) = \begin{cases} 0.2, & y = 1 \\ 0.7, & y = -1 \\ 0, & \text{其他} \end{cases}$$

取置信水平 $\lambda = 0.7$, 由于样本点 x_1, x_2, x_4 的类别标签是确定的, 所以这里取 $A_1 = 1, A_2 = 1, A_4 = -1$, 则在线性可分条件下, 清晰分类问题可表示为下面形式的清晰机会约束规划:

$$\begin{cases} \min_{\boldsymbol{\omega}, b} \dfrac{1}{2}\|\boldsymbol{\omega}\|^2 \\ \text{s.t.} \ \mathrm{Cr}\{A_3((\boldsymbol{\omega}\cdot x_3)+b) \geqslant 1\} \geqslant 0.7 \\ \quad\ \ \mathrm{Cr}\{A_5((\boldsymbol{\omega}\cdot x_5)+b) \geqslant 1\} \geqslant 0.7 \\ \quad\ \ (\boldsymbol{\omega}\cdot x_1)+b \geqslant 1 \\ \quad\ \ (\boldsymbol{\omega}\cdot x_2)+b \geqslant 1 \\ \quad\ \ -(\boldsymbol{\omega}\cdot x_4)+b \geqslant 1 \end{cases}$$

求出清晰机会约束规划的经典等价规划, 并求得其对偶规划.

因此, 可以得到 Lagrange 系数为: $\alpha = (1.5000, 0, 0.1250, 1.6250, 0)$, 清晰支持向量为: $x_1 = (1.5, 0), x_3 = (0, 1), x_4 = (2, 1)$, 最优分类面和清晰支持向量如图 8.3 所示.

图 8.3   最优分类面和清晰支持向量

8.8　清晰支持向量机在亚健康识别中的应用

随着社会的发展以及人民生活水平的提高和对生活质量的不断追求, 人们对自己的健康越来越重视. 苏联及后来的诸多学者在对疾病和健康的研究过程中发现人体除了健康状态和疾病状态之外, 还存在一种非健康非疾病的中间状态, 称为亚健康状态 [90]. 这种状态对个人的生活、学习以及工作产生了危害, 并严重制约了社会的发展, 已经被医学界认为是与艾滋病并列的 21 世纪人类健康头号大敌, 因此加强对亚健康的研究, 有着重大意义.

本章我们将清晰支持向量机用于亚健康状态的识别中, 以数字信号处理技术对个人脉搏信号进行分析后得到的数据集作为训练样本点进行训练. 最后与半监督支持向量机应用于此问题的结果进行比较和分析.

8.8.1　应用背景

随着现代信息技术的发展, 社会竞争日趋激烈, 亚健康状态的人群在许多国家和地区呈上升趋势, 世界卫生组织 (WTO) 的一项全球性调查结果显示: 真正健康的人群仅占了全球人口总数的 5%, 患病者占 20%, 而处于亚健康状态的人却占了 75%[90]. 这种状态下的人常表现有紧张易怒、自我封闭不善沟通、神经衰弱等症状, 严重影响了人们的工作, 同时还导致各种疾病的发生, 给个人、社会造成沉重负担, 制约了社会的发展.

但是, 处于亚健康状态下的个人并没有明显的病理表现和器质性病变, 一般的医疗检测设备无法对其作出判断. 目前诊断亚健康状态的主要方法有问卷评定法、症状诊断法以及 MDI 健康评估法等. MDI 方法主要是利用 MDI 显微诊断仪, 检测血液中各种有效成分的形态和活力, 从而进行判断. 症状诊断法主要利用 Delphi 法原理, 如果一年时间内持续一个月以上有事先确定好的症状项中的一项或者多项被判定为亚健康状态, 但是此方法所需要的周期太长. 如果依靠问卷调查对亚健康状态进行诊断, 由于受到问卷调查局限性的影响, 因而也难以保证其结果的真实可靠性.

中医脉诊是我国传统医学中一项独特的诊断方法, 由于脉象中蕴涵着丰富的人体生理病理信息, 一些疾病早期时就以异常信息反映在脉象信号中了, 因此, 通过检查和分析脉象的变化, 从而达到临床诊断和治疗的目的[65]. 本章主要依靠检测个人脉象的变化, 选取功率谱重心、重心频率功率、谱峰值和峰值频率作为特征量, 利用清晰支持向量机对亚健康状态识别.

8.8.2 基于清晰支持向量机的亚健康状态识别

我们选用无躯体疾病和无精神障碍的人为测试对象, 使用集成化数字脉搏传感器检测被测试者左关节部位的脉搏信号, 并用数字低通滤波器滤除高频干扰, 然后选取一个完整的脉搏波, 采用 Welch 法进行功率谱估计, 最后对得到的 PSG 提取 0~30Hz 频段进行分析, 选取功率谱重心、重心频率功率、谱峰值和峰值频率作为特征量 [66]. 以测试对象在亚健康自测表上测得的结果为类别标签. 但是由于亚健康自测表含有大量决策者的主观因素, 含有一些清晰信息. 对于这些清晰信息, 如果把它们笼统地视为确知信息处理的话, 可能会造成很大的误差, 甚至错误. 因此对上述数据, 用非线性清晰支持向量机对其进行分类.

选取 60 个样本, 健康组 25 例, 亚健康组 25 例, 含有清晰信息的样本组 10 例. 并将这 60 个样本分为两组, 一组作为训练, 包括 13 个健康样本点和 12 个亚健康样本点以及 10 个含有清晰信息的样本点; 另一组作为测试, 包括 12 个亚健康样本点和 13 个健康样本点.

对于含有清晰信息的样本点, 我们用清晰数来表示. 因此可以将 10 个含有清晰信息的样本点转化为下面的形式:

$$A_1 = [[-1,1], f_1(y)];\ A_2 = [[-1,1], f_2(y)]; \cdots ;\ A_{10} = [[-1,1], f_{10}(y)]$$

其中

$$f_1(y) = \begin{cases} 0.2, & y = -1, \\ 0.7, & y = 1, \\ 0, & \text{其他}, \end{cases} \quad f_2(y) = \begin{cases} 0.4, & y = -1, \\ 0.6, & y = 1, \\ 0, & \text{其他}, \end{cases} \quad f_3(y) = \begin{cases} 0.7, & y = -1 \\ 0.3, & y = 1 \\ 0, & \text{其他} \end{cases}$$

$$f_4(y) = \begin{cases} 0.2, & y = -1, \\ 0.8, & y = 1, \\ 0, & \text{其他}, \end{cases} \quad f_5(y) = \begin{cases} 0.9, & y = -1, \\ 0.1, & y = 1, \\ 0, & \text{其他}, \end{cases} \quad f_6(y) = \begin{cases} 0.2, & y = -1 \\ 0.7, & y = 1 \\ 0, & \text{其他} \end{cases}$$

$$f_7(y) = \begin{cases} 0.8, & y = -1, \\ 0.2, & y = 1, \\ 0, & \text{其他}, \end{cases} \quad f_8(y) = \begin{cases} 0.7, & y = -1, \\ 0.3, & y = 1, \\ 0, & \text{其他}, \end{cases} \quad f_9(y) = \begin{cases} 0.1, & y = -1 \\ 0.9, & y = 1 \\ 0, & \text{其他} \end{cases}$$

$$f_{10}(y) = \begin{cases} 0.6, & y = -1 \\ 0.3, & y = 1 \\ 0, & \text{其他} \end{cases}$$

为了数据的统一, 设亚健康样本点为 $Y = 1$, 健康样本点为 $N = -1$. 因此, 清晰支持向量机的训练集为

$$S = \{(x_1, 1), (x_2, 1), \cdots, (x_{25}, -1), (x_{26}, A_1), (x_{27}, A_2), (x_{28}, A_3), \cdots, (x_{35}, A_{10})\}$$

其中样本点 $x_1, x_2, \cdots, x_{25}$ 的类别标签是确定的.

取置信水平 $\lambda = 0.7$, 亚健康状态识别问题可表示为求解具有以下形式的清晰机会约束规划问题:

$$
\begin{cases}
\min\limits_{\boldsymbol{\omega},b} \ \dfrac{1}{2}\|\boldsymbol{\omega}\|^2 \\[2mm]
\text{s.t.} \quad \mathrm{Cr}\{A_1((\boldsymbol{\omega}\cdot x_{26})+b)\geqslant 1\}\geqslant 0.7 \\[1mm]
\qquad\qquad \cdots\cdots \\[1mm]
\qquad \mathrm{Cr}\{A_{10}((\boldsymbol{\omega}\cdot x_{35})+b)\geqslant 1\}\geqslant 0.7 \\[1mm]
\qquad\quad ((\boldsymbol{\omega}\cdot x_1)+b)\geqslant 1 \\[1mm]
\qquad\qquad \cdots\cdots \\[1mm]
\qquad\quad ((\boldsymbol{\omega}\cdot x_{13})+b)\geqslant 1 \\[1mm]
\qquad\ -((\boldsymbol{\omega}\cdot x_{14})+b)\geqslant 1 \\[1mm]
\qquad\qquad \cdots \\[1mm]
\qquad -((\boldsymbol{\omega}\cdot x_{25})+b)\geqslant 1
\end{cases}
$$

利用算法 8.6.1 中的方法, 根据

$$
E_i = \min\{y_{ik}|F(y_{ik})\cong\lambda, k=1,2,3,\cdots,n\}<0
$$

及

$$
E_i = \max\{y_{ik}|F(y_{i(k-1)})\cong\alpha-\lambda, k=2,3,\cdots,n\}>0
$$

求出 E_i.

这时, 我们根据前面的算法, 可以求出清晰机会约束规划的经典等价类, 然后将其转化为对偶规划, 最后进行求解.

为了看出清晰支持向量机和半监督支持向量机的区别与联系, 把清晰训练集 S 中的 10 个清晰类别标签去掉, 使其成为无类别标签的样本点, 然后给出半监督支持向量机的算法求解.

设半监督支持向量机的训练集为 S':

$$
S' = \{(x_1,1),(x_2,1),\cdots,(x_{25},-1),x_{26},x_{27},x_{28},\cdots,x_{35}\}
$$

我们现在的目标就是找到标号向量 $y_{26},\cdots,y_{35}$, 使得 SVM 在训练集 S'

上的训练能得到最大间隔, 即求下面的最小化问题:

$$
\begin{cases}
\min \dfrac{1}{2}\|\boldsymbol{\omega}\|^2 + C\displaystyle\sum_{i=1}^{l}\xi_i + C^*\displaystyle\sum_{i=l+1}^{l+w}\xi_i \\[2mm]
\text{s.t. } y_i(\boldsymbol{\omega}^{\mathrm{T}}x_i + b) \geqslant 1 - \xi_i, \quad i = 1, \cdots, l \\[2mm]
\quad |\boldsymbol{\omega}^{\mathrm{T}}x_i + b| \geqslant 1 - \xi_i, \quad i = l+1, \cdots, l+w
\end{cases}
$$

8.8.3 试验结果及分析

下面我们给出清晰支持向量机的在亚健康状态识别问题上的试验结果, 并比较和分析半监督支持向量机在此问题上的试验结果.

对给定的数据集, 首先, 为了提高训练速度以及提高训练的准确率, 先对数据作归一化处理.

在完成数据的准备和预处理后, 采用 Matlab 实现算法.

接着我们选取惩罚因子 C、最佳置信水平 λ、核函数以及核参数. 这里选用径向基函数作为核函数, 其参数为 σ. 经过搜索算法, 得到最优的参数 $\sigma = 2.85, C = 100$. 利用 Matlab, 求得清晰支持向量为

$$x_9 = (61135, 1.2048, 53.481, 0.75)$$

$$x_{12} = (8582.9, 1.5852, 44.021, 1)$$

$$x_{15} = (37190, 1.1363, 52.595, 0.625)$$

$$x_{19} = (30509, 1.2106, 50.482, 0.75)$$

$$x_{25} = (22904, 1.2604, 47.408, 0.875)$$

最后, 其最优分类面和清晰支持向量如图 8.4 所示, 其测试数据的实际分类和预测分类对比图如图 8.5 所示.

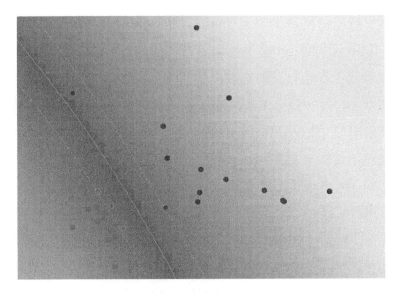

图 8.4 最优分类面和清晰支持向量

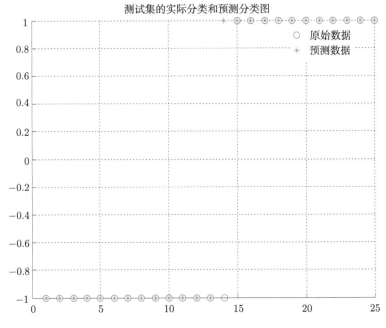

图 8.5 测试数据和预测数据对比图

不同的数据类型用不同的 SVM 模型, 效果有一定的差异, 表 8.1 为使用清晰支持向量机和半监督支持向量机在亚健康状态识别问题上的对比结果. 其中, 两种 SVM 模型使用的参数均为各自的最优参数. 由表 8.1 我们可以看出, 采用半监督支持向量机进行训练的时间为 356s, 测试的准确率为 90.67%; 相反, 采用清晰支持向量机进行训练的时间为 35.71s, 测试的准确率为 96.55%. 由此可见使用半监督支持向量机不仅在测试准确率上逊色于清晰支持向量机, 而且训练速度远远低于清晰支持向量机. 这是因为对于样本信息中含有清晰信息这一情况下, 如果使用半监督支持向量机进行训练的话, 首先要去掉含有清晰信息的类别标签, 把它当作无标签数据, 然后再去预测这些无标签数据的类别标签, 在样本集的类别标签全部已知后再去训练. 其复杂度和训练时间远远大于直接使用清晰支持向量机进行训练. 而且, 如果盲目直接把含有清晰信息的类别标签当成无标签数据使用, 这样往往会产生误差, 使得训练精度大打折扣.

表 8.1　清晰支持向量机和半监督支持向量机对比结果

	参数	准确率/%	训练时间/s
清晰支持向量机	$\sigma = 2.85,\ C = 100,\ \lambda = 0.7$	96.55	35.71
半监督支持向量机	$\sigma = 8,\ C = 50$	90.67	356

因此, 通过在亚健康数据集上的试验可以看出, 在解决样本信息中含有清晰信息这类情况的学习问题时, 清晰支持向量机无论是从学习的质量还是学习的速度来说, 都要比半监督支持向量机优越.

针对训练样本集是线性还是非线性的, 分别构造线性清晰支持向量机和非线性清晰支持向量机. 根据清晰理论知识, 给出一种特殊的处理清晰信息的方法, 从而将清晰分类问题转化成已经解决并可以求解的清晰机会约束规划形式. 并就这两种模型, 给出具体的算法流程. 最后, 将清晰支持向量机应用于亚健康模式识别中, 并和半监督支持向量机在此问题上的试验结果进行比较分析. 试验结果表明, 在解决样本信息中含有清晰信息这类情况的学习问题时, 清晰支持向量机无论是从学习的质量还是学习的速度来说, 都要比半监督支持向量机优越. 特别是清晰支持向量机在置信水平 λ 的控制和调节下, 更能提高分类器性能. 因此, 本书中提出的清晰支持向量机是可行且有效的. 但是应当指出, 针对训练样本集中含有清晰信息这方面, 本节只是做了初步的探索, 因为本节所提出的两种模型仅用于解决分类问题, 而对于回归问题以及概率密度函数估计等方面, 还有很多问题需要深入研究. 例如, 构建清晰支持向量回归机, 此时, 所要解决的清晰机会约束规划将更为复杂, 而如何利用清晰理论将其转化为经典的等价类, 建立完善的清晰支持向量回归机, 还有待解决.

参 考 文 献

[1] Amini J. Road extraction from satellite images using a fuzzy-snake model[J]. Journal Cartographic, 2009, 46(2): 164–172.

[2] Tsuji A, Kurashige K J, Kameyama Y. Selection of dishes using fuzzy mathematical programming[J]. Journal of Japan Society for Fuzzy Theory and Intelligent Informatics, 2008, 20(3): 337–346.

[3] Belkin M, Niyogi P. Semi-supervised learning on riemanian manifolds[J]. Machine Learning, 2004, 56(3): 209–239.

[4] Bennett K, Demiriz A. Semi-supervised support vector machines[J]. Neural Information Processing Systems, 1998, 34(3): 368–374.

[5] Boser B, Guyon I, Vapnik V N. A training algorithm for optimal margin classifiers[C]. Proceedings of 5th Annual Workshop Computation on Learning Theory, Pittsburgh PA: ACM, 1992, 22(2): 100–110.

[6] Brown M P S, Grundy W N, Lin D, et al. Knowledge-based analysis of microarray gene expression data using support vector machines[J]. Proceeding of the National Academy of Sciences of the United States of America, 2000, 97(1): 262–267.

[7] Chang C C, Lin C J. Libsvm-A library for support vector machines[C]. 2007. http://www. csie.ntu.edu.tw/~cjlin/libsvm/index.htm.

[8] Chiang J H, Hao P Y. A new kernel-based fuzzy clustering approach: Support vector clustering with cell growing[J]. IEEE Trans Fuzzy Systems, 2003, 11(4): 518–527.

[9] Cortes C, Vapnik V. Support vector networks[J]. Machine Learning, 1995, 20(3): 273–297.

[10] De Kruif B, De Vries T. Support-vector-based least squares for learning nonlinear dynamics[J]. IEEE Conference on Decision and Control, 2002, 42(2): 1343–

1348.

[11] Drezet P M L, Harrison R F. Support vector machines for system identification[J]. UKACC International Conference on Control, 1998, 17(8): 721–728.

[12] Duan S C, Yang Z M, Jia R J. Unascertained topological space[J]. International Institute for General Systems Studies Special, 1997(8): 11–14.

[13] Bredensteiner E J, Bennett K P. Multi category classification by support vector machines[J]. Comput Optimiz Applicat., 1999, 65(8): 53–79.

[14] Wu M. Application of Support vector machines in financial time series forecasting[J]. Neurocomputing, 2002, 48(2): 847–861.

[15] Fung G, Mangasarian O L. Incremental suppor vector machine classification[J]. Proceedings of the Second SIAM International Conference on Data Mining, Arlington, 2002, 122(12): 11–14.

[16] Hua S, Sun Z. Support vector machine approach for protein subcellular localization prediction[J]. Bioinformatics, 2001, 17(8): 721–728.

[17] Jiang W G, Deng L, Chen L Y, Wu J J. Risk assessment and validation of flood disaster based on fuzzy mathematics[J]. Progress in natural Science, 2009, 19(10): 1419–1425.

[18] Joachims T. Text categorization with support vector machines: learning with many relevant Features[J]. European Conference on Machine Learning(ECML), 1998(1): 518–527.

[19] Ratsaby J. Incremental learning with sample queries[J]. IEEE Transactions on Pattern Analysis and Machine Intelligence, 1998, 20(8): 883–888.

[20] Kim K J. Financial time series forecasting using support vector machines[J]. Neurocomputing, 2003, 55(1): 307–319.

[21] Lee Yeunghak. Curvature based normalized 3D component facial image recognition using fuzzy integral[J]. Applied Mathmatics and Computation, 2008, 205(2): 815–823.

[22] Li G, Jin C L. Fuzzy Comprehensive Evaluation for Carring Capacity of Regional Water Resouces[J]. Water Resouces Management, 2009, 23(12): 2505–2513.

[23] Chena L H, Koa W C. Fuzzy approaches to quality function deployment for new

product design[J]. Fuzzy Sets and Systems, 2009, 160(18): 2620–2635.

[24] Lue D W, Wu L R, Li Z X. The evaluation of mine geology disasters based on fuzzy mathematics and theory[J]. Journal of coal science snd engineering (China), 2007, 13(4): 480–483.

[25] Mller K R, Smola A, Rtsch G. Predicting Time Series with Support Vector Machines[J]. Proceedings ICANN'97, Springer Lecture Notes in Computer Science, 1997, 29(4): 9–99.

[26] Syed N A, Liu N, Sung K. Incremental learning with Support Vector Machine[C]. Works hop on Suppor Vector Machine at the International Joint Conference on Artificial Intelligence(IJCAI-99), 1999, 34(1): 1104–1105.

[27] Osuna E, Freund R, Girosi F. An improved training algorithm for support vector machines[C]//Proceedings of the 1997 IEEE Workshop on Neural Networks for Signal Proceeing. New York: IEEE Press, 1997, 23(1): 276–285.

[28] Osuna E, Freund R, Girosi F. Training support vector machines: an application to face detection[C]//Proceeding of CVPR'97, Puerto Rico, 1997, 22(3): 58–127.

[29] Pankaj G, Mukesh K M. Bector-Chandra type duality in fuzzy linear programming with exponential membership functions[J]. Fuzzy Sets and Systems, 2009, 160(22): 3290–3308.

[30] Park J, Kang D, Kim J. Pattern de-noising based on support vector data description[J]. International Joint Conference on Neural Networks, 2005, 23(2):949–953.

[31] Platt J C. Fast training of support vector machines using sequential minimal optimization[C]//Schölkopf B, Burges C J, Smola A J, ed. Advance in Kernel Methods-Support Vector Leraning. Cambridge: MIT Press, 1999, 14(1): 185–208.

[32] Platt J C. Using analytic QP and Sparseness to speed training of support vector machines[C]//Kearns M, Solla S, Cohn D. Advance in Neural Information Processing Systems II. Cambridge, MA:MIT Press, 1999, 13(3): 557–563.

[33] Pontil M, Verri A. Support vector machines for 3D object recognition[J]. IEEE Transactions on Pattern Analysis and Machine Intelligence, 1998, 20(6): 637–645.

[34] Schlkopf B, Smola A J, Williamson R C, et al. New support vector algorithms[J]. Neural Computation, 2000, 12(5): 1207–1245.

[35] Seo J, Ko H. Face detection using support vector domain description in color images[C]. In the IEEE International Conference on Acoustics, Speech, and Signal Processing, 2004, 19(3): 729–732.

[36] Vapnik V. The Nature of Statistical Learning Theory[M]. New York: Springer, 1995.

[37] Vapnik V. The Nature of Statistical Learning Theory[M]. New York: John Wiley&Sons, 1998.

[38] Lin C J W. A comparison of methods for multi-class support vector machines[J]. IEEE Trans. Neural Netw., 2002, 13(2): 415–425.

[39] Yang Z M, Guo Y R, Li C N, et al. Local k-proximal plane clustering[J]. Neural Comput & Applic, 2015, 26(1): 199–211.

[40] Yang Z M, Hua X Y, Shao Y H, et al. A novel parametric-insensitive nonparallel support vector machine for regression[J]. Neurocomputing, 2016(171): 649–663.

[41] Yang Z M, Wu H J, Li C N, et al. Least squares recursive projection twin support vector machine for multi-class classification[J]. International Journal of Machine Learning and Cybernetics, 2015, doi: 10.1007/s13042-015-0394-x.

[42] Zadeh L A. Fuzzy sets[J]. Information and Control, 1965, 8(3): 338–353.

[43] Zhang Z, Zhang S, Zhang C X. SVM for density estimation and application to me dical image segmentation[J]. Journal of Zhejiang University-Science B, 2006, 7(5): 365–372.

[44] 边肇祺, 张学工. 模式识别 [M]. 北京: 清华大学出版社, 2001.

[45] 陈珽. 决策分析 [M]. 北京: 科学出版社, 1987.

[46] Cristianini N. 支持向量机导论 [M]. 李国正, 王猛, 曾华军, 译. 北京: 电子工业出版社, 2004.

[47] 崔万照, 朱长纯, 保文星, 等. 基于模糊模型支持向量机的混沌时间序列预测 [J]. 物理学报, 2005, 54(7): 3009–3018.

[48] 邓乃扬, 田英杰. 数据挖掘中的新方法——支持向量机 [M]. 北京: 科学出版社, 2004.

[49] 费兆馥. 现代中医脉诊学 [M]. 北京: 人民卫生出版社, 2003.

[50] 高庆狮. 新模糊集合论基础 [M]. 北京: 机械工业出版社, 2006.

[51] 李晓黎, 刘继敏. 基于支持向量机和无监督聚类相结合的中文网页分类器 [J]. 计算机学报, 2001, 24(1): 62–68.

[52] 李小青, 周长银, 王延朝. 支持向量机中未确知信息的处理方法 [J]. 鲁东大学学报, 2011, 27(1): 23–28.

[53] 刘宝碇，彭锦. 不确定理论教程 [M]，北京: 清华大学出版社, 2005.

[54] 刘宝碇, 赵瑞清. 随机规划与模糊规划 [M]. 北京: 清华大学出版社, 1998.

[55] 刘开第, 吴和琴. 不确定性信息数学处理及应用 [M]. 北京: 科学出版社, 1999.

[56] 刘开第, 吴和琴. 未确知数学 [M]. 武汉: 华中理工大学出版社, 1997.

[57] 刘绍英. 未确知数学及其应用 [M]. 保定: 河北大学出版社, 1990.

[58] 潘晨, 闫相国, 郑崇勋, 等. 利用单类支持向量机分割血细胞图像 [J]. 西安交通大学学报, 2005, 39(2): 150–153.

[59] 庞彦军. 一般未确知数的概念及其运算 [J]. 河北建筑科技学院学报, 1996(4): 7–8.

[60] 庞彦军. 未确知等价类与未确知空间 [J]. 河北建筑科技学院学报, 1993(2): 6–10.

[61] 苏发慧. 清晰数的运算及应用 [J]. 吉首大学学报: 自然科学版, 2010, 31(4): 10–14.

[62] 苏发慧. 机械更新决策中的数学模型 [J]. 吉首大学学报: 自然科学版, 2010, 31(6): 1–6.

[63] 苏发慧. 清晰数的运算律 [J]. 吉首大学学报: 自然科学版, 2011, 32(2): 1–5.

[64] 苏发慧. 模糊支持向量机在粮食安全预警中的应用 [J]. 安徽建筑工业学院学报: 自然科学版, 2009, 17(2): 81–83.

[65] 苏发慧, 袁旭梅. 再生混凝土的投资前景分析 [J]. 安徽建筑工业学院学报: 自然科学版, 2009, 17(6): 53–56.

[66] 苏发慧. 抗连续倒塌房屋投资数学模型研究 [J]. 安徽建筑工业学院学报: 自然科学版, 2010, 18(6): 29–32.

[67] 苏发慧. 某市轻轨铁路应急风险能力评价 [J]. 安徽建筑工业学院学报: 自然科学版, 2011, 19(2): 46–49.

[68] 苏发慧. 模糊集的两个错误 [J]. 吉首大学学报: 自然科学版, 2012, 33(2): 13–15.

[69] 苏发慧. 清晰理论基础 [M]. 合肥: 合肥工业大学出版社, 2013.

[70] Vapnik V. 统计学习理论的本质 [M]. 张学工, 译. 北京: 清华大学出版社, 2000.

[71] VladimirN. Vapnik. 统计学习理论 [M]. 许建华, 张学工, 译. 北京: 电子工业出版社,

2004.

[72] 王立新. 模糊系统与模糊控制教程 [M]. 王迎军, 译. 北京: 清华大学出版社, 2003.

[73] 王光远. 未确知信息及其数学处理 [J]. 哈尔滨建筑工程学报, 1990(4):1–10.

[74] 吴华英, 吴和琴. 清晰集及其应用 [M]. 香港: 香港新闻出版社, 2007.

[75] 吴和琴, 吴华英, 苏钰. 第 4 次数学危机 [J]. 河北工程大学学报, 2007, 24(1): 107–109.

[76] 吴和琴, 吴华英, 苏钰. 模糊集合理论推出的一个错误定理 [J]. 河北建筑科技学院学报, 2006, 23 (1): 108–109.

[77] 吴和琴, 姬红艳. Fuzzy 拓扑学错了 [J]. 河北工程大学学报, 2008, 25 (1): 111–112.

[78] 吴和琴. 未确知有理数的概念与乘法运算 [J]. 河北建筑科技学院学报, 1994(4): 1–10.

[79] 吴青. 基于最优化理论的支持向量机学习算法研究 [D]. 西安: 西安电子科技大学数学与统计学院, 2009.

[80] 吴衍智. 未确知数学在研究地震地面运动过程中的应用 [J]. 河北建筑科技学院学报, 1993(2): 6–10.

[81] 杨志民, 杨潇. 支持向量机中不确定性信息的处理 [J]. 吉林大学学报, 2004(16): 117–119.

[82] 杨志民. 未确知信息的数学处理方法 [J]. 中国管理科学, 2000(5): 192–196.

[83] 杨志民, 邓乃扬. 未确知机会约束规划 [J]. 系统工程, 2004(8): 11–14.

[84] 杨志民, 刘广利. 不确定性支持向量机原理及应用 [M]. 北京: 科学出版社, 2007.

[85] 杨志民, 刘广利. 不确定性支持向量机——算法及应用 [M]. 北京: 科学出版社, 2012.

[86] 杨志民, 邵元海, 梁静. 未确知支持向量机 [J]. 自动化学报, 2013, 39(6): 895–901.

[87] 闫伯华. 亚健康的流行病学研究进展 [J]. 现代预防医学, 2005, 32(5): 465–466.

[88] 岳常安, 刘开第. 未确知有理数论 [M]. 石家庄: 河北教育出版社, 2001.

[89] 岳长安. 未确知数的概念、运算及应用 [J]. 兰州铁道学院学报, 1997(2): 117–119.

[90] 赵瑞芹, 宋振峰. 亚健康问题的研究进展 [J]. 国外医学社会医学分册, 2002, 19(1): 10–13.

[91] 张浩然, 韩正之. 回归支持向量机的改进序列最小优化学习算法 [J]. 软件学报, 2003, 14(12): 2006–2013.

[92] 张辉, 张浩, 陆剑锋. SVM 在数据挖掘中的应用 [J]. 计算机工程, 2004, 30(6): 7–8.

[93] 周春光, 梁艳春. 计算智能 [M]. 长春: 吉林大学出版社, 2001.

[94] 朱梧槚，肖奚安. 数学基础概论 [M]. 南京：南京大学出版社, 1996.

[95] 朱梧槚，肖奚安. 中介公理集合论系统 MS[J]. 中国科学（A 辑）, 1988, 2：113–123.

[96] 邹晶. 带等词的中介逻辑系统 ME* 的语义解释及可靠性、完备性 [J]. 科学通报, 1998, 33(13)：961–962.

[97] 邹开其，徐扬. 模糊系统与专家系统 [M]. 成都：西南交通大学出版社, 1989.